SIEGFRIED HOFFMANN

Molekulare Matrizen

IV. Membranen

mit 97 Abbildungen

AKADEMIE-VERLAG · BERLIN
1978

Erschienen im Akademie-Verlag, 108 Berlin, Leipziger Straße 3—4

Lizenznummer: 202 · 100/512/78
Gesamtherstellung: VEB Druckhaus „Maxim Gorki", 74 Altenburg
Bestellnummer: 762 239 2 (2148/11/4) · LSV 1315
Printed in GDR
DDR 22,— M

INHALTSVERZEICHNIS

1. MEMBRANEN — SYSTEME ZWISCHEN KOMPARTIMENTIERUNG UND KOOPERATIVITÄT

Verbindet man — zu sehr vereinfacht, wie wir sahen — die Begriffe „Funktionalität" mit „Protein" und „Information" mit „Nucleinsäure", so fällt es noch schwerer, der dritten großen strukturellen Dominante des Lebensprozesses ähnlich klassifizierende Beziehungen zuzuordnen. Auch ist die Bezüglichkeit innerhalb dieses funktionellen Triumvirats nicht logisch einwandfrei. Während Proteine und Nucleinsäuren — wiewohl nicht in vivo, so doch im gewissen Sinne anschauungsmäßig — stoffliche und System-Individualitäten gleichzeitig verkörpern, ist der Membranbegriff von vornherein vielschichtiger. Nach „Funktionalität" und „Information" könnte vielleicht „Lokalisation" oder/und auch „Kompartimentierung" der Aufgabenstellung dieser Systemhierarchien bis zu einem gewissen Grade gerecht werden. Und in der Tat hat man mit den Katalysefähigkeiten der Proteine, dem Informationsspeicher der Nucleinsäuren, Wasser als funktionellem Milieu und Membranen als Lokalisations- und Funktions-Elemente dieser Operationssysteme die wesentlichen Züge fixiert, die wir heute als Voraussetzung eines Lebensprozesses in unserem Sinne betrachten würden. Sicher ist das alles zu sehr vereinfacht, sicher werden kommende Betrachtungsweisen von übergeordneten Standpunkten aus eine solche „Quadratur" des großen Prozesses als unzulässige Einengung eines eher iterativ genäherten idealen Kreises aus vielschichtigen Stoff- und Energie-Bezüglichkeiten sehen. Möglicherweise sind diese vier Pfeiler moderner biologischer Systembetrachtung ein letztes Überbleibsel unseres Triebs, unsere Natur-Forschung und -Betrachtung eher von der analytischen Vereinzelung als von der synthetischen Zusammenschau aufzuziehen [1—218].

Und Membranen selbst sind schon etwas von jener Komplexität, der wir uns langsam generell bewußt werden, der wir aber angesichts unserer noch keineswegs themenadäquaten Untersuchungsmethoden immer noch gern auszuweichen suchen. Membranen, das sind Barrieren, die es den in den Wirtsgittern anorganischer Mineralien durchgespielten ersten Operationsmodellen ermöglichten, eigene, schon bald selbst geschaffene Individualität zu gewinnen und dem Verdünnungstod zu entgehen. Membranen sind so etwas wie das Ordnungsprinzip, welches auch im phänomenologischen Äußeren eine Dokumentation eines individuellen Systems darstellt, das in sich offen, durch eben jene Grenzbarriere seinen Austausch mit der Umwelt vermitteln und kanalisieren muß. Membranen, das mag im ersten mit einer einfachen zweidimensionalen Variation des Prinzips „hydrophil/hydrophob" begonnen haben. Fettsäuren und ihre Abkömmlinge könnten die ersten Teppichmuster gebildet haben, vielleicht auch Proteinstrukturen mit ähnlich definierten polar/apolaren Verteilungskomponenten.

Die funktionellen Potenzen der Proteinpartner, die möglichen Kooperationsmuster zwischen ihnen, vermittelt über Phasenvariabilitäten der Lipide und ihre Eigenfunktionalität, die mögliche Eignung gerade der letzteren auf Grund energiedeterminierter

Phasenspiele erste Energieverwertungsmuster zu erproben und aus dem individuellen Spiel für den Kooperationspartner zugänglich und nutzbar zu machen, haben sicherlich die rasch sich auffächernden Aufgabenspektren jener Phasengrenzflächen zwischen individuellen Lebensprozessen und ihren Umgebungsstrukturen — fremdartigen und ähnlichen — vielleicht auch einander gleichen in einer Vielzahl der Möglichkeiten und Systemerprobungen — begünstigt. Der gerade hier sehr starke Selektionsdruck mag ein übriges getan haben. Auch das besteingespielte Protein/Nucleinsäure-System mit nützlichen und für Replikation und Translation vorbildlichen Funktionalitäten war schließlich nur so gut, wie die diesen Primitivstoffwechsel ermöglichende Phasenbarriere gegenüber fremden, konkurrierenden System-Individualitäten. Der Optimierungszwang zu einem für Replikations- und Translations-Folgen vorbildlichen Information/Katalyse-Wechselspiel baute gleichzeitig Anforderungskriterien für die Austauschzonen jener ersten primitiven offenen Fließsysteme auf. Der Zwang des Daseins fernab vom thermodynamischen Gleichgewicht, der Zwang zum energetischen Parasitentum wie zum Export der erzeugten Unordnungshäufungen in die Umgebungsstrukturen ließ Membranen aus möglicherweise zunächst unvollkommenen, primitiven Begrenzungsflächen zu echten Austauschzonen der Lebensindividualitäten mit ihrer Umwelt werden. Phasengrenzen, die in einer fein abgestuften und funktionell ungemein differenzierten Kooperativität ihres Domänenmosaiks den Bedürfnissen eines in ihrem umgrenzenden Raumabschnitt zu immer komplizierteren Lebensmustern evolvierenden Prozesses Rechnung tragen mußten, die in ihrem Funktionsregelspiel zwischen Umwelt und Individuum, später innerhalb einzelner Individuen und Verbände ein fein nuanciertes Bewußtsein für die vielgestaltigen Wünsche ihrer Innenzonen entwickelten.
Wären sie eben jenes: fein angepaßte Hüll- und fein abgestufe Kooperationszonen eines Lebensprozesses mit seiner Umgebung, ihr Funktionsspektrum wäre vielschichtig genug, die Komplexität ihres Funktionsspektrums kaum erahnbar. Doch sie scheinen noch mehr zu sein. Manches spricht im Augenblick dafür, daß Membranen nicht nur die Wirtsgitter früher Anorganikzonen hinsichtlich ihrer primitiven Matrizenbegrenzungsaufgaben imitierten, sondern daß in ihnen etwas von der sehr viel weiter gefaßten Matrixfunktion jener ersten Phasengrenzflächen zwischen hydrophil und hydrophob, den nach unserer Meinung stimulierenden Phasenzonen erster Protolebensspiele, überlebte und weiterentwickelt wurde. Betrachtet man heutige Lebensprozesse in den Eukaryotenhierarchien, so erscheinen sie als Lebensprozesse „in Membranen, an Membranen und durch Membranen hindurch“, wie es einmal die „Angewandte“ für eine sehr viel eingeengtere Betrachtung formulierte. Die Phasenzonen zwischen hydrophil und hydrophob, zwischen makroskopischer Zuordnung und molekularer Stimulierung erscheinen in einem sehr weit gefaßten Sinn nicht nur als funktionelle Begrenzung, sondern mehr noch als Milieu- und Kooperativitätsrahmen des Prozesses schlechthin.
Schranken, Schleusen und Pumpen für den Stofftransport, allgemein osmotische Regulation, Antennen für komplexe Effektorenmuster und Signalumformer für Regulationshierarchien, Energietransformation in Photosynthese und Atmung, sensorische Erregungsbildung und Nervenleitung, Drüsenfunktion und Informationsspeicher, der kurze Stichwortkatalog mag andeuten, daß es „die“ Membran ebensowenig, ja noch weniger gibt, als „das“ Protein, „die“ Nucleinsäure. Irgendwie dürfte jede Membran ein eigener individueller Verband mit eigengesetzlichen Zusammensetzungs- und Verhaltensmustern sein.

Doch ähnlich wie die Proteine zumindest strukturell durch eine Skala einfacher Verhaltensnormen der Polypeptidkette angenähert werden können, wie RNA- und DNA-Strukturen durch ein Spektrum übersichtlicher und in sich ähnlicher Konformationsspiele zu verdeutlichen sind, beschäftigt die Frage nach einem gemeinsamen vereinfachenden Aufbauprinzip der Membranen die Gemüter, die Frage nach einer Art „Basismembran", zumindest in der Grundausstattung und -orientierung ihres Aufbaus.

Frühe Strukturmuster-Hypothesen, die diese Phasengrenzen allein aus Lipiden aufgebaut sehen wollten, dürften der Vergangenheit angehören. Danielli u. Mitarb. führten irreversibel die Proteinkomponenten in die Betrachtung ein. Seither streitet man sich im wesentlichen über die Verteilungs- und Kooperationsmuster eben jener beiden Membrankomponenten. Man könnte fast meinen, daß in der Vielzahl der heute existierenden „Basismembran"-Varietäten etwas schon ein wenig Irrationales zum Ausdruck kommt, so etwas wie die in den einzelnen Autoren „verdichtete Volksseele" [1—6, 8, 10—15, 23—26, 101, 102, 158, 169—177, 185—218].

So sind die modernsten Modelle angelsächsischer Autoren im allgemeinen von einer eher nüchternen Klarheit: bilayer-Strukturen aus Lipidkomponenten, in die ihrerseits bilayer von amphiphatischen Proteinarrangements eingebettet sind, mit ihren polaren Zonen den Kontakt zur Wasserphase, mit ihren hydrophoben Bereichen den zur Membranregion vermittelnd, eine durchgehende Einheitlichkeit im Aufbau — variiert allein durch die verschiedenartigen Wechselbeziehungen und Mischungsmuster der beiden Partnerstrukturen in der Gestaltung der Phasengrenzfläche. Einige wenige andere Autoren interpretieren dagegen schon sehr viel kompliziertere Muster in die Röntgenbeugungsdaten von Membranstrukturen hinein, und besonders der Flor der Lipidvorhänge stellt sich hier eher als ein sehr nuanciertes kooperatives Mosaik variierter Funktionalitäten dar. Wahrscheinlich jedoch sind beide Vorstellungen im Grunde noch viel zu mechanistisch. Auch für die Membran gilt beispielsweise das Prinzip, daß ihre Funktion nur durch die Asymmetrie ihres Aufbaus gewährleistet werden kann. Mag die Basismembran mit so etwas wie einem eher symmetrischen Grundriß modellierbar sein, die eigentliche Funktionsmembran ist gewiß strukturell und funktionell asymmetrisch, und es scheint vorstellbar, daß diese Asymmetrie sich nicht nur auf die Protein-Regelstationen beschränkt, sondern auch den Maschenflor der Lipidmoleküle umfaßt [4, 10—14, 169, 175, 177].

Wie wenig sicher unser Wissen jedoch über all dies ist, wie schemen- und konturenhaft unsere gegenwärtigen Einsichten in die Gesamtproblematik vorläufig sind, zeigt ein kurzer Abriß unseres zwar gegenwärtig sehr schnell wachsenden, im Augenblick aber doch noch sehr limitierten Überblicks über strukturelle Prinzipien der einzelnen Membrankomponenten.

1.1. Der Lipidflor

Proteine: dreidimensional abgestimmte Funktionalität im Bereich zumeist überwiegender schwacher Wechselwirkungen; Nucleinsäuren: spezifische Erkennungsvorgänge innerhalb eines π-Elektronen-verschweißten Stapels, gelenkt durch nuancierte schwache Verbandswechselwirkungen des Stapels und die Stereoelektronikspiele des Stranges — was wäre das Charakteristikum der Lipidschwärme? Vielleicht die einzigartige Kombination von periodischer Fernordnung (ein-, bevorzugt zwei-, aber auch dreidimensional) mit teilweise hochgradiger Nah„unordnung“ auf der Ebene der Moleküle. Den definierten stereoelektronischen Nahordnungshierarchien der Nucleoproteine stehen hier sehr diffizile, leicht manipulierbare und übergeordneten Regien unterwerfbare Fern-Zuordnungsspiele gegenüber, hier wie dort aufgebaut auf besondere Mischungen von polaren und apolaren Domänenbezirken [1—6, 8—10, 14, 16—82, 101, 102, 169—192].

Lipide	
ungeladene:	Glyceride Diollipide „Cholesterin(ester)“ Sphingoglycolipide/Cerebroside Glyceroglyciolpide/Diglyceridmono- bzw. digalaktoside
zwitterionische:	Glycerinphospholipide/Phosphatidylcholin Phosphatidyläthanolamin Phosphatidylserin Sphingosinphospholipide/Sphingosin Sphingophosphatidylcholin
saure:	Fettsäuren/Myristinsäure Stearinsäure Glycerinphospholipide/Phosphatidylinosit Cardiolipin Sulfatide Ganglioside Phospholipide/Phosphatidylsäuren Phosphatidylglycerophosphat Phosphatidylglycerin
basische:	Lysylphosphatidylglycerin

Lipide — Versuch einer Übersicht über die Komponenten biopolyelektrolytischer Phasenmuster. Auch hier die Schwierigkeit der Abstraktion der Komplexität.

Der Teppich der Lipidmuster ist in differenzierten Mosaikstrukturen mit polaren Ladungsschwärmen gegen das Wassermilieu im Inneren und Äußeren der Austauschzone gerichtet, während die Zotteln der langen Schwänze nach innen in die Membran hinein eine unpolare Phase aufbauen.
Die Schwierigkeiten geeigneter analytischer Untersuchungsmethoden, die uns besonders für die großen Proteinstrukturen und die Hierarchien der Nucleinsäuresysteme erwachsen, sind hier im Bereich der Membranen und besonders ihrer Lipidkomponente auf einem Höhepunkt. Röntgenstrukturanalysen mitteln die Dynamik — ureigenstes Kriterium dieser Stoffklasse — notwendigerweise in eine zeitliche, wenig aussagefähige Durchschnittslage, elektronenmikroskopische Untersuchungsmethoden — in ihrer Auflösung ähnlich den Protein- und Nucleinsäure-Problemen hier gleichfalls unzureichend — unterwerfen mit den heutigen Präparationsverfahren die Membran

Phospholipide — die Mischungsvielfalt innerhalb von Hauptstrukturtypen. Phosphatidylcholin — ein Beispiel nach L. L. M. van Deenen [51].

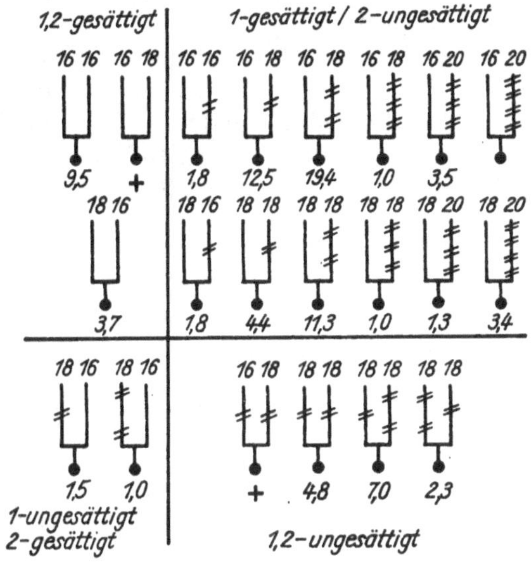

Hauptspecies der Lecithin-Moleküle der menschlichen Erythrocyten-Membranen.
16^0 = Palmitinsäure;
18^1 = Ölsäure usw.
Und wie man dazu kommt:

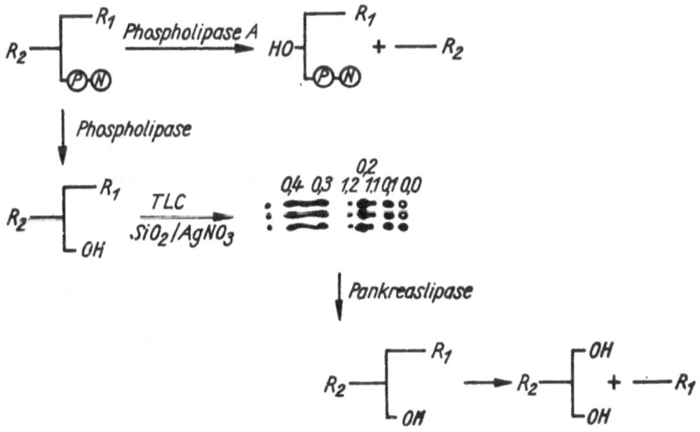

Analyseprinzipien molekularer Species von Phospholipiden. Schema wie oben nach L. L. M. van Deenen [51].

eigentlich unzumutbaren Eingriffen, so daß die deduktive Rekonstruktion schon fast einem „Phasennachempfinden“ gestörter Membrandomänenbezirke nahekommt, bei der Geist und Phantasie den Krücken zu unbeweglicher Untersuchungsmethoden spekulativ in individuelle Ansichten enteilen.
Die Labilität, die die bei Nucleoproteinsystemen so gebräuchliche Röntgenspektroskopie und Elektronenmikroskopie erschwert, läßt allerdings dynamische Untersuchungsmethoden zu, die hier in den fließenden Membranbeziehungen ihre eigentlichen Triumphe feiern, während sie bei den stärker festgelegten Nucleoproteinsystemen zumeist auf größere Schwierigkeiten stoßen. Es ist das große Feld aller zeitsensitiven

Lipidstrukturen

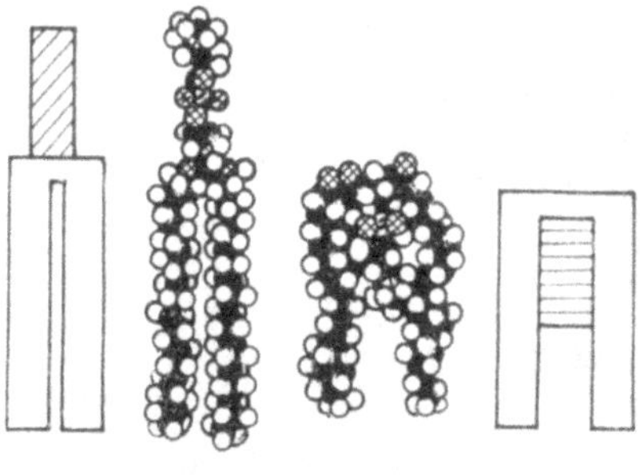

Das klassische Strukturmodell der Glycerinphospholipide (links) und ein zusätzlicher Strukturvorschlag für Lipidvertreter mit vorzugsweise ungesättigten Kohlenwasserstoffketten nach KREUTZ [4].
Abstraktsymbole nach W. KREUTZ [4].

Lipide	Beispiele	Konformation*)
statisch:	Digalaktosyldiglycerid [DGD]	p_{ex} oder p_{in}
	Phosphatidylcholin [PC] / Lecithin	
dynamisch:	Phosphatidyläthanolamin [PE]	p_{ex} und p_{in}
	Phosphatidylserin [PS]	—
	Phosphatidylinosit [PI]	Liganden-
	Phosphatidylsäure [PA]	abhängig

*) Laminare Mizellen p_{ex} und/oder p_{in}
tubuläre Mizellen p_{in}
Alle gesättigten Lipoide ausschließlich p_{ex}

Einteilungsschema statischer (eine Anordnung) und dynamischer (Ligandenabhängiges Pendeln zwischen zwei Alternativmustern) Lipide nach W. KREUTZ [4].

Spektroskopiemethoden, begonnen mit Laser-Raman-Studien, über Protonen- und ^{13}C-Relaxationsmessungen, über ESR-Spinmarker-Untersuchungen bis hin zu Fluoreszensstudien eingelagerter Farbkomponenten und dem vielfältigen Instrumentarium elektrochemischer Untersuchungsmethoden [1—6, 54—66, 72—82, 169, 173, 176].
Und doch — ähnlich den Proteinen und den Nucleinsäuren — hätte der so leicht durch unmittelbare Anschaulichkeit und zumindest optische Greifbarkeit zu überzeugende menschliche Geist gern so etwas wie strukturelle Leitbilder — wenn schon nicht der Systemverbände von Funktions-Membranen, so doch ihrer einzelnen Basiskomponenten.

CPK-Kalottenmodelle:

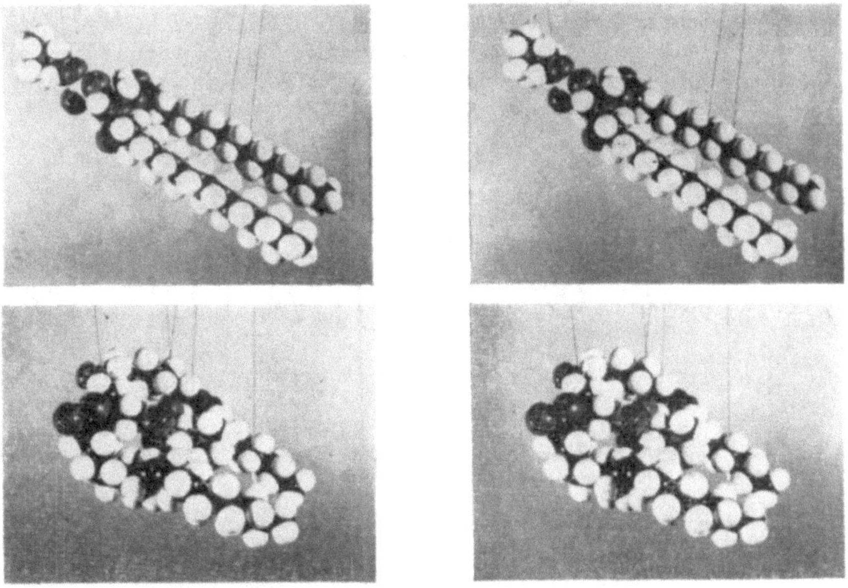

oben: klassisches Bild der Lecithin-Strukturen;
unten: (p_{in})-Alternativanordnung nach W. Kreutz [4] für eine Lecithinstruktur mit zwei einfachungesättigten Acylketten.

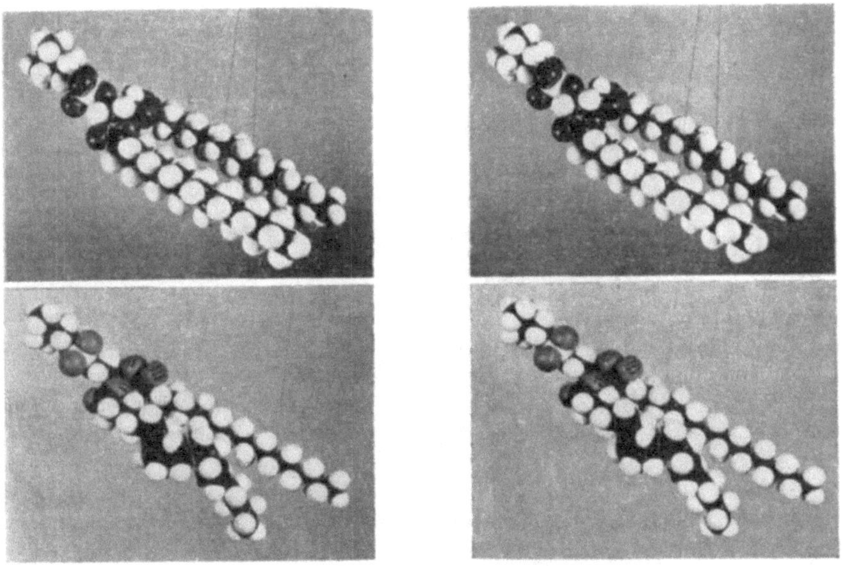

Sowie Gegenüberstellung zweier Lecithinstrukturen in der „klassischen" Anordnung.
oben: gesättigte Ketten in voll gestreckter „zickzack"-Anordnung;
unten: die dreifach ungesättigte cis-olefinische Kettenstruktur in helixartiger Aufwindung.

Das „Klassische Modell“:
Strukturvorstellungen zu Glycerinphospholipiden hergeleitet aus den Anordnungsmustern ihrer Teilbereiche.
Die langen Schwänze neigen mit steigender Temperatur zu wachsenden rotationellen Freiheiten — Kinkenbildungen in gesättigten Acylteilen — gleichzeitig ein Kapitel Polymerchemie — vgl. [33, 44, 45, 48—50, 54].

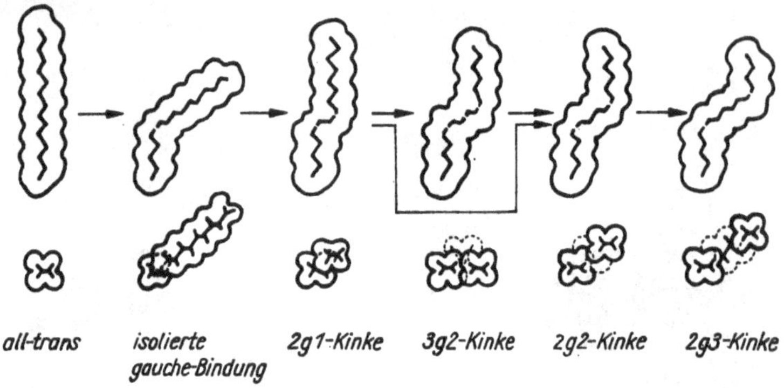

Kinkenmuster schematisch.

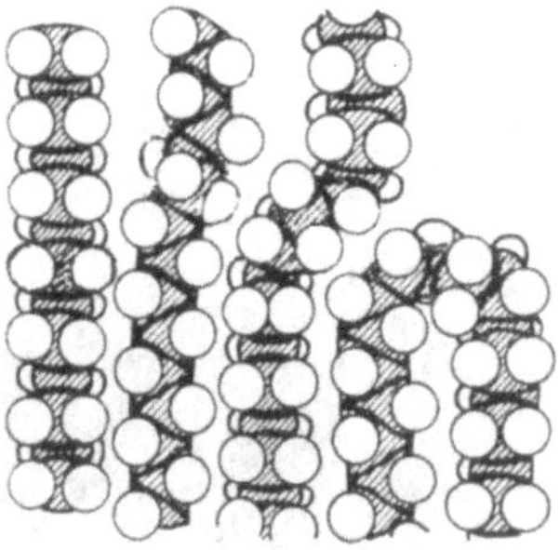

Darstellung in CPK-Kalottenmodellen.

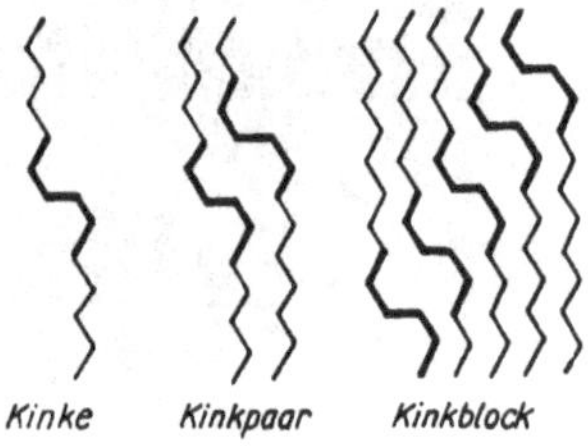

Kinken-Verbandsmuster: ungesättigte Strukturen vermögen vergleichbare Muster zu fixieren.

Es mag bezeichnend für den Stand unseres Wissens und mehr noch unseres Unwissens auf diesem Gebiet sein, daß gegenwärtig die hochaufgelöste Strukturanalyse für Phospholipidmoleküle erst am Beginn steht. Mehr noch als bei den Nucleinsäuren, für die wenigstens dies schon selbstverständlich ist, sind wir deshalb hier schon bei den monomeren Einzelkomponenten vielfach gezwungen, unsere Kenntnisse über mögliche Strukturausprägungen von noch einfacheren Strukturzuordnungen zu entleihen.

In der ständigen Gefahr, das puzzle der Zusammenschau falsch zusammenzudichten, ergibt sich dabei im Augenblick in etwa das folgende Bild: Phospholipide sind eine neue Spielart der Variation „hydrophil/hydrophob“. Ein polarer, bisweilen unterschiedlich geladener Kopf vermittelt den Kontakt zur wäßrigen Phase. Zwei zumeist recht lange Schwanzregionen — teilweise ungesättigt und mehrfach ungesättigt — bauen in hydrophober Wechselwirkung — modifiziert durch ein überlagertes Spektrum noch diffizilerer

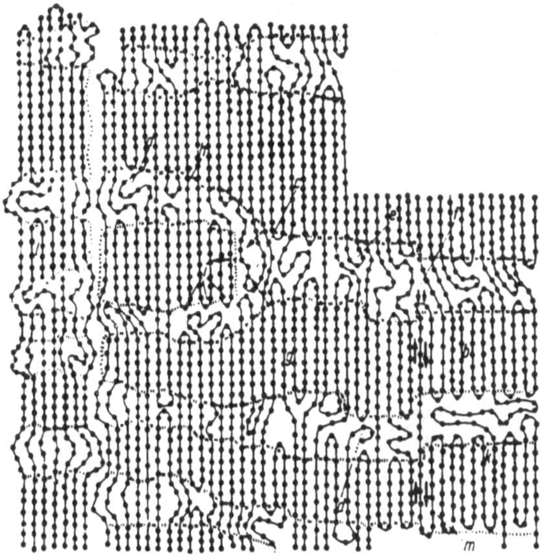

Die Superstrukturen zwischen Kristall und Schmelze in verstreckten linearen Hochpolymeren stellen in ihren parakristallinen Domänenmosaiks ein völlig analoges Problem dar.
Schema nach R. Hosemann [44, 45].

schwacher Wechselwirkungen — die Kohlenwasserstoffphase auf, die für sämtliche polaren Komponenten und insbesondere für Ionen eine zunächst unpassierbare Barriere bildet. Die Mittlerfunktion von Biomembranen zwischen Kompartimenten beidseits wäßriger Phasen macht — vor einigen anderen vorstellbaren Anordnungen mit Energieminimierung — den bilayer zunächst zur einfachsten und anhand der gefundenen Größenrelationen untersuchter Membranen zumindest für Modellmembranen zumeist experimentell realisierten Erscheinungsform. Der Pfad von den Sätzen einfacher Fettsäuren bis hin zu den nun doch schon recht komplizierten Gebilden heutiger Phospholipide beschreibt auch hier den langen Weg der historischen Entwicklung dieser Strukturen innerhalb der Gesamtevolution [10—13, 169, 171—175].
Biologische Membranen zeigen in Abhängigkeit von ihrem Ursprung vielfältige Muster hinsichtlich der Zusammensetzung und des strukturellen Ausbaus der sie bildenden Lipidmoleküle [1—6, 8, 10—15, 48—54, 169—177, 185—192].
Generell wird ein Aufbau aus einem Basismolekül, welches als eine Art Rückgrat fungiert, und drei esterartig angeknüpften Ketten bevorzugt. Zwei dieser Ketten sind

Nach den langen Schwänzen das versteifende Rückgrat (von links nach rechts I/II/III):

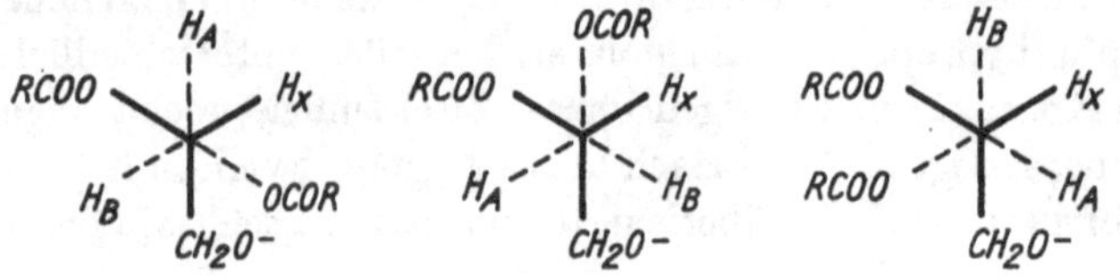

Mögliche Rotamere des backbone-Fragments: bevorzugt erscheinen III und II. Selbst in organischen Lösungsmitteln bleiben die Rückgratbereiche überwiegend in den Sterik/Wechselwirkungs-Kompromissen der gauche-Konformationen organisiert. Schema nach A. G. Lee u. Mitarb. [6].

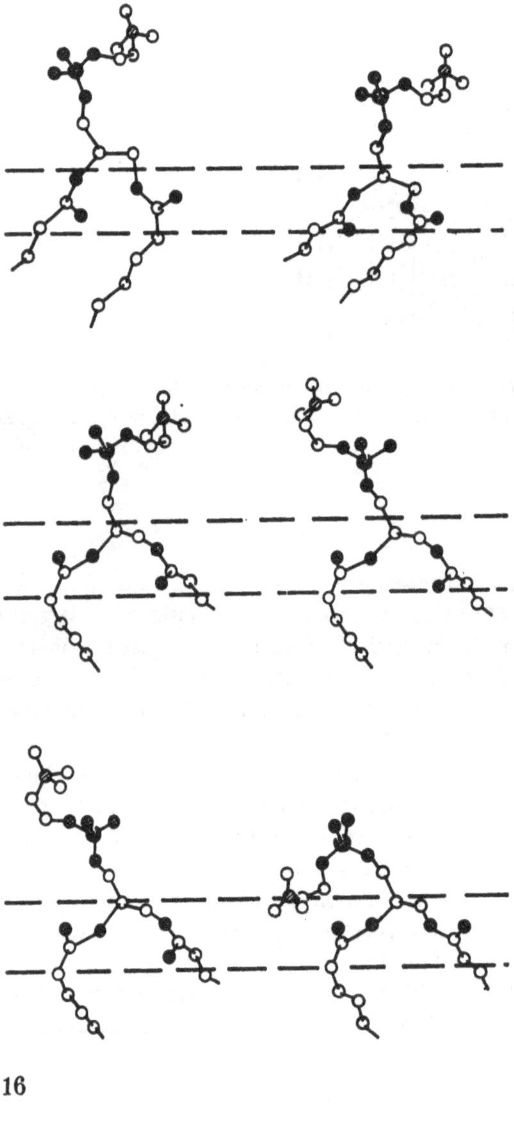

Die Einbeziehung der „Kopfstrukturen" zum fertigen Molekül:
Die Schwänze sind gegen die Flächennormale der Membran getiltet.
Die Zwitterionenschichtung von Phosphat- und Aminogruppierungen sowie der polare Bereich der Acylestergruppen bilden Doppel- bis Dreifachlagen senkrecht zur Flächennormale bzw. parallel zur Oberfläche der Membran.
Konformationen des komplexen Biopolyelektronikmusters nach M. Sundaralingam [54].

hydrophob, die andere hydrophil, mit polaren und sehr oft geladenen Gruppierungen besetzt. Während in einigen vereinzelten Fällen die Reduktion des hydrophoben Bereichs auf eine einzige Kette vorkommt, scheint die Natur darauf verzichtet zu haben, drei hydrophobe Kettenbezirke in einem Molekül zu bündeln. Möglicherweise erwiesen sich derartige Strukturen sterisch zu aufwendig und infolge zu großer Steifheit zu adynamisch für ihre Einbeziehung in dynamische Membranregionen.
Die hydrophoben Schwanzbereiche variieren in Längen zwischen 14 und 32 C-Atomen. Insgesamt ergeben sich damit „ungeladene", „saure" und „zwitterionische" Lipide.
Das häufigst verwandte „Rückgrat"-Molekül ist Glycerin, gefolgt von den Sphingosinvarianten. Die häufigsten polaren Gruppen sind phosphorestergebundenes Cholin, Äthanolamin und Serin, daneben aber auch Threonin, Alkohole wie Inosit bzw. abermals Glycerin mit zusätzlich daran acylierten weiteren Komponenten — angefangen von Phosphatgruppenabwandlungen bis hin zu Lysinacylierungsprodukten. Sphingosin bevorzugt daneben die glykosidische Anknüpfung unterschiedlicher Zuckermoleküle, die z. B. in den Sulfatiden auch Träger von ionischen Ladungsmustern sein können.
Die bekanntesten der bisher am eingehendsten untersuchten Glycerophospholipide sind die Phosphatidylcholine oder Lecithine und die Phosphatidyläthanolamine (Kephaline) sowie die entsprechenden Phosphatidylserine. Von Species zu Species verschieden, enthalten beispielsweise tierische Membrankomponenten im hydrophoben Teil vorwiegend Palmitin- und Stearinsäure als gesättigte, Öl-, Linolen- und Arachidonsäure als ungesättigte Schwanzpartien. Ein einzelnes Lecithin enthält in der Regel meist verschiedene Fettsäuren, die auf diese Weise zu vielen unterschiedlichen Paaren in den Phospholipidmolekülen kombiniert werden können. Eine funktionell noch durchaus relativ einfache Eukaryotenmembran wie die Erythrocytenmembran weist hunderte verschiedener Lipidmoleküle definierter Struktur auf. In Bakterien ist dagegen die Zahl der Phospholipidmoleküle mit verschiedenen Fettsäurepaaren oft sehr viel kleiner. Auch hier läßt sich bis zu einem gewissen Grade phylogenetisch der Trend zu sehr viel höherer struktureller und damit funktioneller Komplexität während des Evolutionsprozesses ablesen.
Das „molekulare make up", wie es DEENEN einmal in einem Übersichtsartikel bezeichnete, ist nämlich für die einzelnen Membrankomponenten und damit ihre Verbandsorientierung sehr wichtig. Nach 4,5 Milliarden Jahren Evolution ist sicher auch bei den Membranbestandteilen nichts mehr zufällig. Vieles an diesem make up verstehen wir bislang nicht oder nur sehr unvollkommen; anderes erscheint uns inzwischen konturierter und klarer. Warum ist beispielsweise in den Lecithin-species natürlicher Membranen die 1-Position des Glycerins zumeist mit einer gesättigten, die 2-Stellung zumeist mit einer ungesättigten Fettsäure verestert? Eine Frage ohne eine vernünftige Antwort; ist die Tatsache funktionell, ist sie metabolisch erzwungen. Sehr viel mehr Einblicke haben wir dagegen in die besonderen Relationen, Strukturen und abgeleiteten Funktionen von gesättigten und ungesättigten Ketten erhalten, ein Problemkreis, der durch die spezifischen Wechselwirkungen der einzelnen Membrankomponenten mit kooperativen und meist sehr selektiv erkannten Steroidpartnern noch erweitert wird.
Doch versuchen wir eine Betrachtung im Zusammenhang, fragen wir einmal nach den heutigen Vorstellungen über die konformative Prägung der wichtigsten Phospholipidstrukturen [54].
Nach SUNDARALINGAM lassen sich für die noch am besten untersuchten Lecithinkomponenten die wenigen bisher zugänglichen Daten in das folgende Bild zusammen-

fassen. Aufbauend auf Röntgenstrukturanalysen am Cholin, Äthanolamin und Serin sollte die elektrostatische Wechselwirkung von negativer Phosphat- und positiver Aminogruppe eine gauche-Konformation der polaren Schwanzregion erzwingen. Eine metallionengesteuerte gauche-trans-Umlagerung ist als trigger einer Membranpotentialänderung im Gespräch, die auslösendes Moment für Ionentransporte sein könnte. Das darauf basierende „flip-flop"-Modell eines Ionentransports blieb allerdings bisher umstritten.

Wechselwirkungen im klassischen Glycerophospholipidmodell:

Verbrückungsschema benachbarter Phosphatgruppierungen durch Wasser. Schema nach M. SUNDARALINGAM [54].

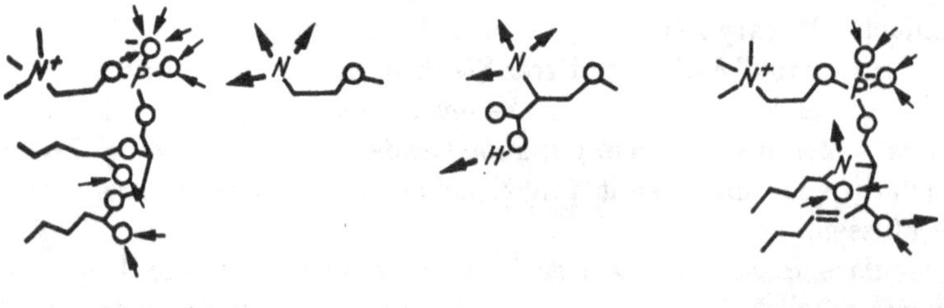

Wichtig für die Wechselwirkung mit anderen Biopolymerenorganisationen — H-Brücken-Donator- und Acceptor-Variationen in Phosphatidylcholin (PC), -äthanolamin (PE), -serin (PS) sowie Sphingomyelin nach M. SUNDARALINGAM [54].

Dieses geladene Kopfstück wird über eine Phosphoresterbrücke — die wahrscheinlich hinsichtlich der C—O-Bindung anti, hinsichtlich der P—O-Bindung gauche gestaltet ist — an das Glycerinrückgrat gebunden. Damit resultiert ein sogenanntes „links"- und ein „rechts-händiges" Konformer. Das linkshändige baut im übrigen auch das Phosphorester-Rückgrat der Polynucleotide auf. Für den Glycerin-backbone ergeben sich auf Grund der Röntgenbefunde eine Reihe relativ energiegünstiger gauche- bzw. anti-Konformationen der vicinalen Sauerstoffanordnungen, ohne daß apriori bestimmte Entscheidungen zugunsten oder zuwider gefällt werden könnten. Protonenresonanzuntersuchungen lassen jedoch vermuten, daß gauche-Anordnungen bevorzugt sind. Die Anlenkung der Säureketten bildet bezüglich der Acylgruppierungen einen H—C—O—C-gauche-Winkel, zeigt eine C—O—C=O cis-planar- und eine C—O—C—C-trans-planar-Anordnung und favorisiert mithin eine generelle „zigzag"-planar-Konformation der

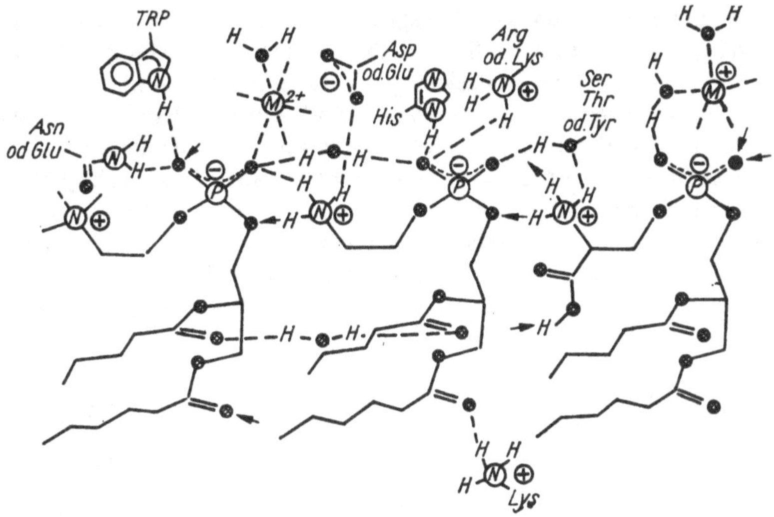

Mögliche Wechselwirkungen in den Oberflächenbereichen von PC-, PE- und PS-Membrankomponenten mit Wasserstrukturen, Ionen- und Biopolymerenmustern anhand charakteristischer Gruppenwechselwirkungen. Schema nach M. SUNDARALINGAM [54].

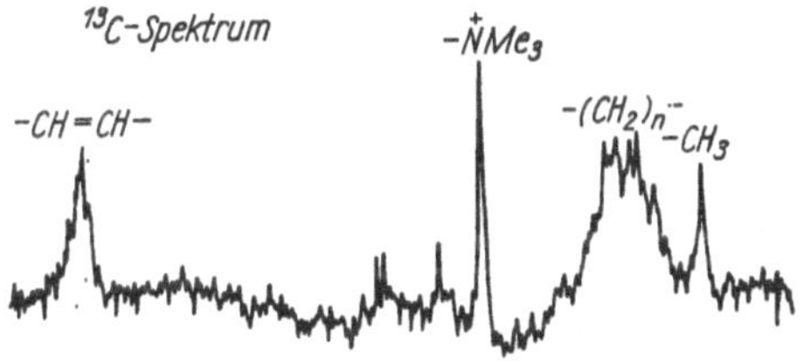

Trotz der Vielzahl von Interspecies-Wechselwirkungen bleibt der Membranverband insgesamt in den meisten Fällen aufgelockert, dynamisch variabel und anpassungsfähig. Eine Domäne für die dynamisch orientierten Spektroskopiemethoden.
Die bemerkenswerte Auflösung in einem ^{1}H-entkoppelten ^{13}C-NMR-Spektrum des Sarcoplasmatischen Reticulums bei 30°C! Wiedergabe nach A. G. LEE u. Mitarb. [6].

Acylkette. Für ungesättigte Kohlenwasserstoffketten ergeben röntgenstrukturanalytisch unterlegte Konformationsbetrachtungen eine relativ freie Rotation von Doppelbindungsbenachbarten C-Einfachbindungen. Die Konformationen zeigen dabei beträchtliche Abweichungen von der planaren Anordnung zugunsten von gauche- und verschmierten anti-Konformationen.
Insgesamt lassen sich damit eine Reihe von Phospholipidmodell-Konformationen konstruieren: die Kohlenwasserstoffketten ca. 30° gegen die Membranoberflächennormale getiltet, die vier Acylester-Sauerstoffe auf einem schmalen parallel zur Membran-

oberfläche laufenden Band, die Phosphat- und auch Ammoniumgruppierungen auf einem zweiten Parallelband, ca. 6 Å von diesem entfernt angeordnet. Mit zunehmender Orientierung der Schwänze in Richtungen parallel zur Membranoberfläche vermindert sich die Distanz zwischen Acylsauerstoff- und Phosphatband. Diese aus Röntgenstrukturdaten an Verbindungs-Bruchstücken gewonnenen Konformationsinterpretationen scheinen durch die Verteilungsmuster von Elektronendichte-peaks jüngerer Röntgenstrukturanalysen gestützt zu werden. Immerhin sind auch diese natürlich nur an „synthetischen" Modellmembranen gewonnen, so daß das Arrangement in nativen Membranen nicht unbedingt durch diese Vorhersagen eingeengt werden sollte, zumal hier noch vielgestaltige Wechselwirkungen mit verschiedenartigen anderen Membrankomponenten das Bild überlagern [6, 54, 169—177].

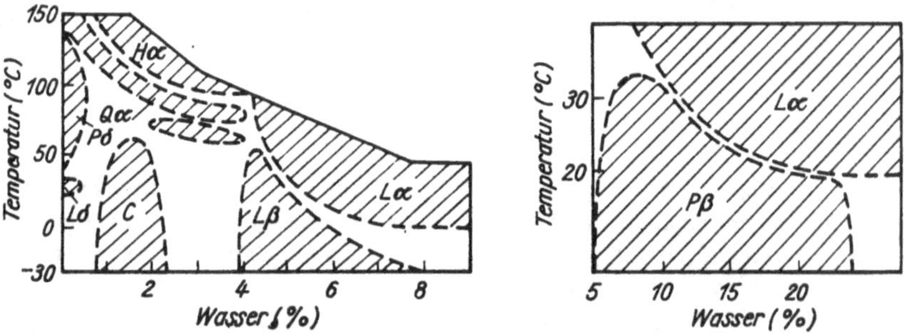

Phasenspiele nach dem klassischen Modell — die ersten Anfänge nach A. Tardieu u. Mitarb. [60].
Phasendiagramme von einem di-C14-Modell-PC (links) und Ei-PC rechts.
Die Ein-Phasen-Regionen sind schraffiert und mit entsprechender Symbolik hervorgehoben.
Nomenklatur:
L: lamellar (eindimensional);
H: zweidimensional hexagonal;
P: zweidimensional schief oder zentriert;
R: rhomboedrisch (R3m);
Q: kubisch (Ia3d);
C: dreidimensional kristallin.
Die griechischen Symbole charakterisieren Nahbereichskonformationen der Kohlenwasserstoffketten:
α: flüssigkeitsähnlich;
β: partiell geordnet.

Innerhalb der für ein derart komplexes Gebilde ohnehin großen Beweglichkeit aller Strukturteile, die sich in einer überraschend hohen Auflösung einschlägiger NMR-Spektren unschwer zu erkennen gibt, zeigt das Lecithinmolekül — wieder aus NMR-Untersuchungen leicht zu folgern — eine maximale Versteifung im Glycerinrückgrat, die sich in Richtung auf die polaren und unpolaren Schwanzenden zunehmend auflockert. Das Lecithinmodell Sundralingams läßt auf Grund von spezifischen H-Brücken-Donator/Acceptor-Funktionen in den einzelnen Molekülbereichen, unterschiedlicher Neigungen der polaren Köpfe und der hydrophoben Schwanzbereiche zu Wasserkontakten, Ionenladungsmustern, Chelatbildungen und -bindungstendenzen ein Spektrum schon recht erstaunlicher Selektivitätsvorgaben in der Wechselwirkung der membranbildenden Lecithine mit den übrigen Membrankomponenten erkennen. Es mag aber nicht unerwähnt bleiben, daß dieses zunächst schon recht komplexe Bild durch andersartige Röntgeninterpretationen bis zu einem gewissen Grade weiter kompliziert werden könnte. Eine besondere Spielart von Membrandeutungsversuchen

L-Strukturen nach A. Tardieu u. Mitarb. [60] modifizierte Phasentopographien in Relation zu ihren Elektronendichteprofilen.

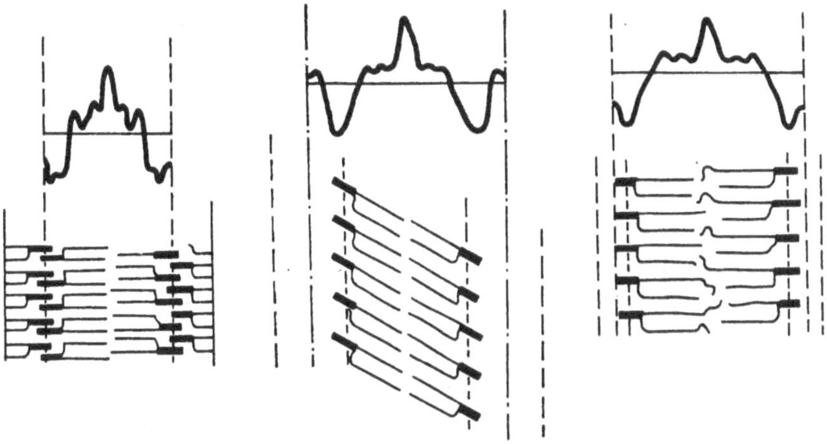

Links $L\beta$, Mitte $L\beta'$, rechts $L\delta$.

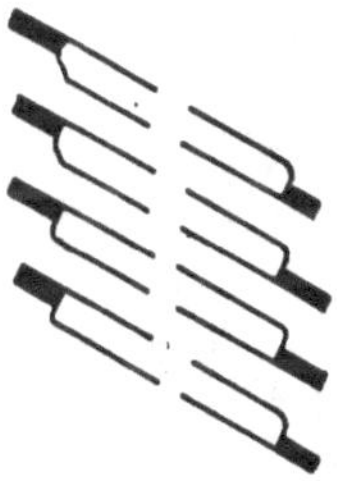

C-Phase des di-14-PC.

geht im Widerstreit mit den obigen Hypothesen von der Annahme zweier Vorzugskonformationen innerhalb des Bandes partieller Teilorientierungen aus, die — als „p_{ex}“ und „p_{in}“-Konformation gekennzeichnet — einmal das bisher entwickelte Modell übernehmen, zum anderen für gewisse Lipidsorten darüberhinaus Strukturelemente postulieren, bei denen der polare Kopf — zwischen die beiden hydrophoben Schwanzregionen eingeklemmt — Voraussetzungen für besondere Phasenübergangsformen mit attraktiven Funktionsassoziationen übernehmen soll. Im einzelnen wird dabei postuliert, daß gewisse dynamische Lipide auf Grund der Existenz in zwei ausgezeichneten Konformationen chemisch induzierte Konformationsänderungen eingehen können. Die Konformationen werden durch selektive Ligandenbindungen reversibel ineinander überführt. Im Zusammenhang mit diesen Konformationsänderungen im molekularen Monomerenbereich stehen durch Ligandenbindung induzierte Phasenübergänge. Schließlich zeichnen sich nach dieser Theorie Lipide durch eine große Selektivität hinsichtlich des wechselseitigen Assoziations- und Mischverhaltens, hohe intra- und inter-species-Kooperativität und bisher Proteinen vorbehaltene Funktionalität aus. Diese Theorie geht damit — mehr als alle anderen — von einer Eigen-

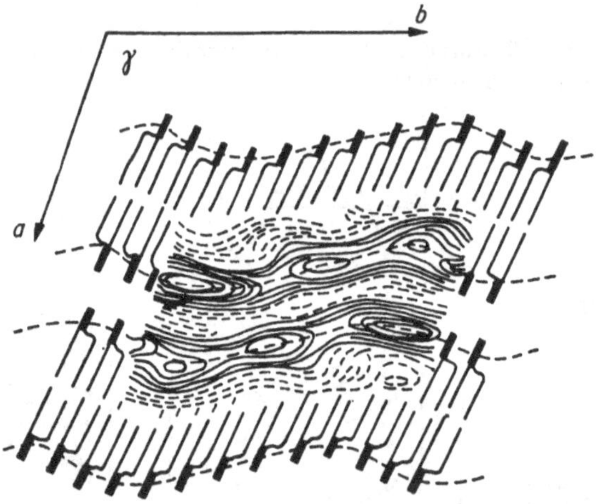

P-Phasen nach A. TARDIEU u. Mitarb. [60].
Phasentopographien mit eingeschobenen Elektronendichteverteilungen.
Pβ

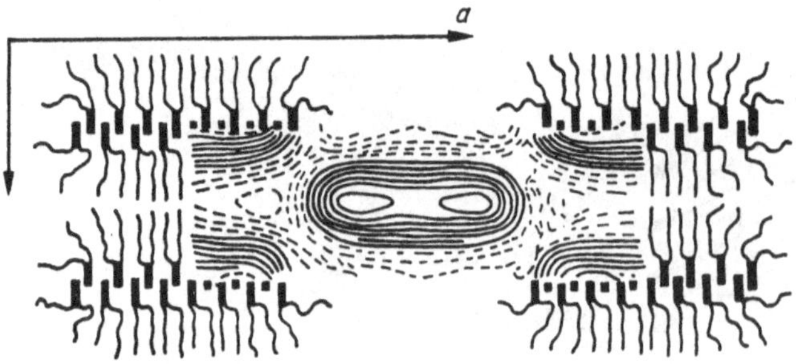

und Pδ
Phasenspiele noch ohne große Kommentare — Materialsammlungen des Beginns und tastende Interpretationen.

dynamik der Lipide aus, in die transversale Molekülrotationen, laterale Thermodiffusionen und durch Kationen induzierte Organisationsänderungen in Lipidschichten zwanglos einbeziehbar scheinen. Für Basismembran- und mehr noch Funktionsmembranstrukturen ergeben sich nach diesem Bild eines recht komplexen Lipideigenverhaltens Assoziationsverhältnisse innerhalb der Membranen, die je nach statischem bzw. dynamischem Molekularverhalten der zugrunde liegenden Lipidbesetzungen mehr oder minder deutlich von den einfachen bilayer-Schichtungen der bisherigen Modelle abweichen [4, 169].

Das „Eigendynamik-Lipid-Modell" von KREUTZ [4], Lipide zwischen p_{ex} und p_{in}. (Ein wenig erinnert all dies an die frühen A/B-DNA-Alternativen; das DNA-„Spektrum" BRAMS — vgl. Teil III — steht uns hier wohl noch bevor).

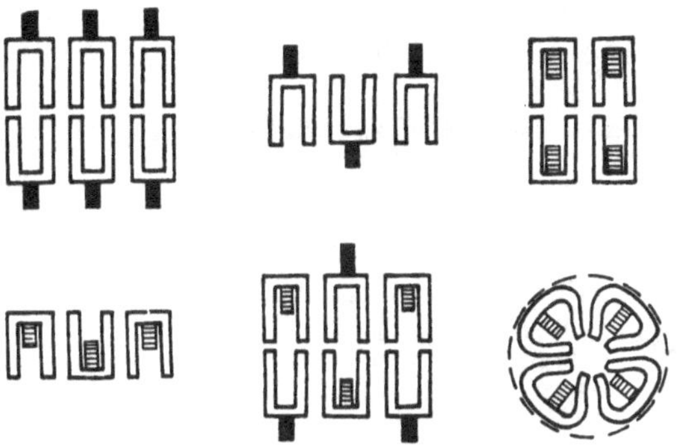

Laminare und tubuläre Lipidstrukturen nach W. KREUTZ [4], und Beispiele für ligandenbindungsinduzierte Phasenübergänge, sämtliche Schemata ebenfalls nach W. KREUTZ [4]:

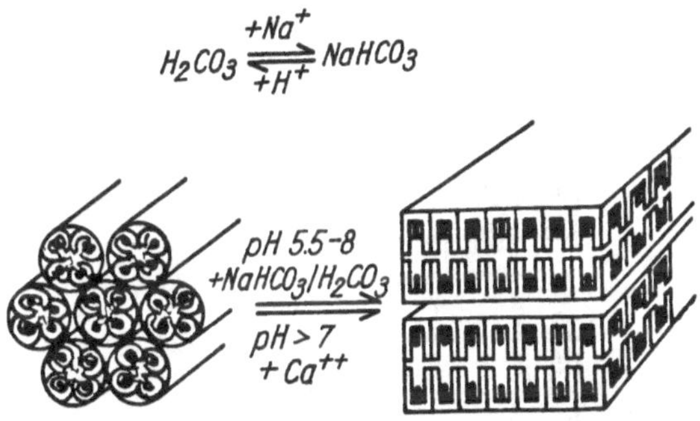

Hydrogencarbonat- und Ca^{2+}-abhängiger PE-Phasenübergang zwischen tubulär-hexagonalen und laminaren Strukturierungen.

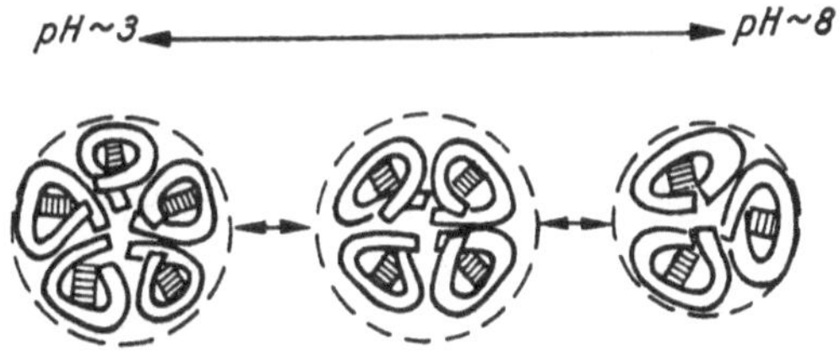

pH-abhängige Mischungen von tubulären PE-Mizell-Substrukturen aus einzelnen PE-Molekülen.

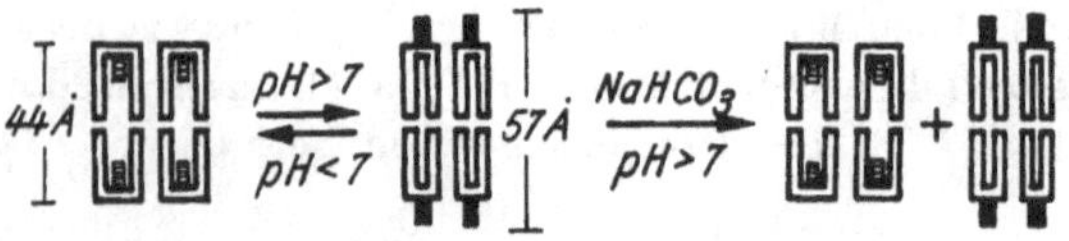

pH-abhängige und durch Ligandenbindung gesteuerte Konformationsänderungen nach W. KREUTZ [4].
pH-abhängige Konformations- und Micellenänderung von PA-Transformationen zwischen p_{ex} und p_{in}.

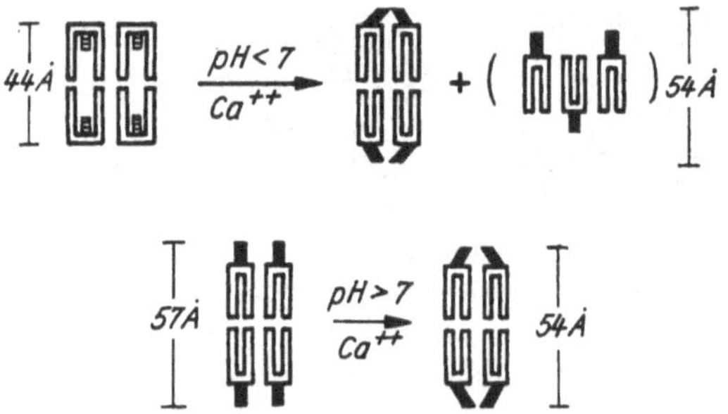

Ca^{2+}-abhängige Konformations- und Micellenänderung von PA.

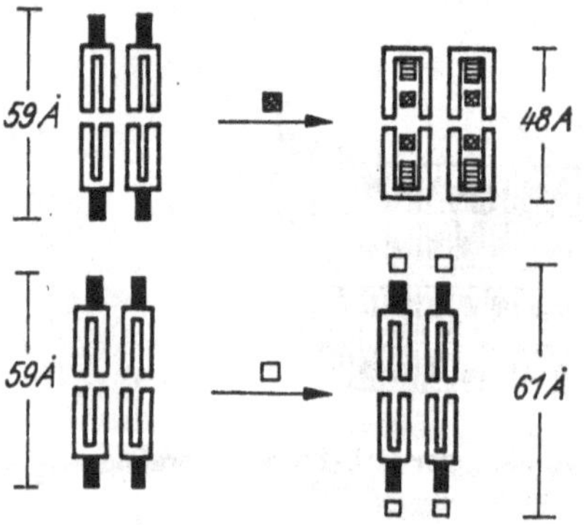

Und schließlich noch das interessante Beispiel aminosäureinduzierter Konformationsänderungen von PS.
Alanin ▩ wandelt die p_{ex}-Anordnung quantitativ in die p_{in}-Konformation um, andere Aminosäuren □ werden in der p_{ex}-Struktur assoziiert.

Ohne diese Anschauungen hier im einzelnen vertiefen zu können, und auch mehr oder minder unabhängig von der molekularen Ausdeutung im einzelnen, mögen hier jedoch noch einige Fragen des übergeordneten Assoziationsverhaltens von Lipidstrukturen etwas detaillierter in ihrer Problematik vorgestellt werden.
Dies ist allerdings nicht möglich, ohne vorher eine weitere Lipidkomponente — „h. c.“ vielleicht — vorgestellt zu haben, die — in Prokaryotenmembranen mehr oder minder

Lipide	Tiere				Bakterien			
	Myelin	Erythrocyten	Mitochondrien	Microsom	Acetobacter agilis	E. coli	Agrobacterium tumefaciens	Bacillus megaterium
Cholesterin	25	25	5	6	0	0	0	0
Phosphatide								
Phosphatidyläthanolamin	14	20	28	17	100	100	90	45
Phosphatidylserin	7	11	0	0	0	0	0	0
Phosphatidylcholin	11	23	48	64	0	0	10	0
Phosphatidylinosit	0	2	8	11	0	0	0	0
Phosphatidylglycerin	0	0	1	2	0	0	0	45
Cardiolipin	0	0	11	0	0	0	0	0
Sphingolipide								
Sphingomyelin	6	18	0	0	0	0	0	0
Ceramid	1	0	0	0	0	0	0	0
Cerebroside	25	0	0	0	0	0	0	0
übrige	11	1	0	0	0	0	0	10

Übersicht über die Lipidmuster einiger Membrantypen von Bakterien und Tieren nach F. WOLD [2]. Man beachte die drastischen Unterschiede beim „Lipid ehrenhalber", dem Cholesterin, zwischen tierischen und Bakterienmembranen.

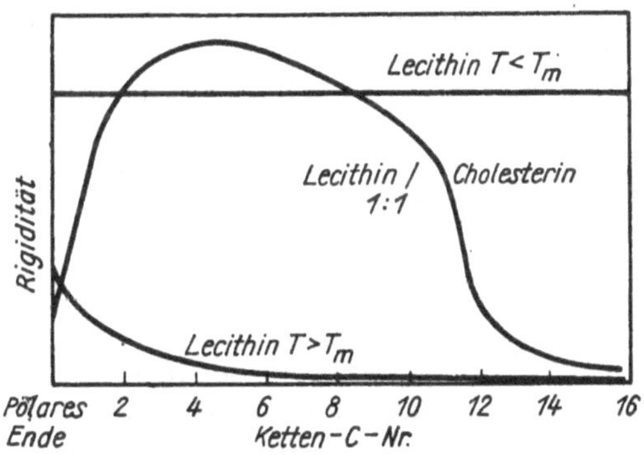

Qualitatives Schema des „Cholesterineffekts" auf die Fluidität von Dipalmitoyl-Lecithin-Modellsystemen nach A. DARKE u. Mitarb. [66, 75].
Im Cholesterin/Lecithin (gesättigt!)-Komplex verfügen die ersten 10 Kohlenstoffatome der Lecithinparaffinschwänze über ähnliche Beweglichkeiten wie die des Steroids; die restlichen sind sehr viel freier.

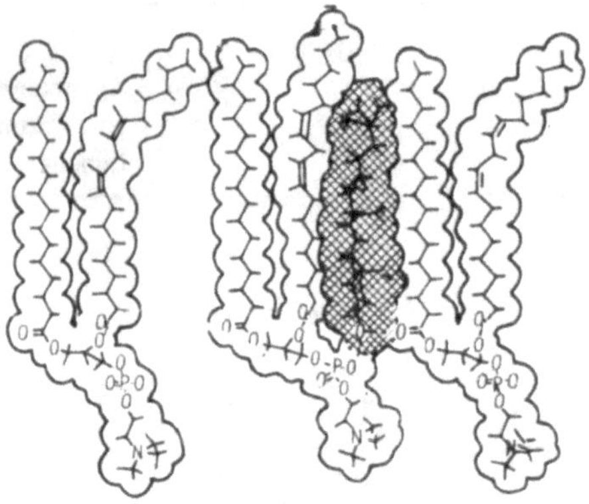

Und die molekulare Deutung:
Cholesterin blockiert durch hydrophobe Verklebung die Fluidität der langen Paraffinkohlenwasserstoffketten der Lecithinschwänze – bevorzugt bis zum C-11. Die Cholesterin-OH-Gruppe fixiert die Molekel zusätzlich durch H-Brücken an die polaren Kopfregionen der Lecithinpartner. Schema modifiziert nach B. B. Stowe und M. A. Dotts [65].

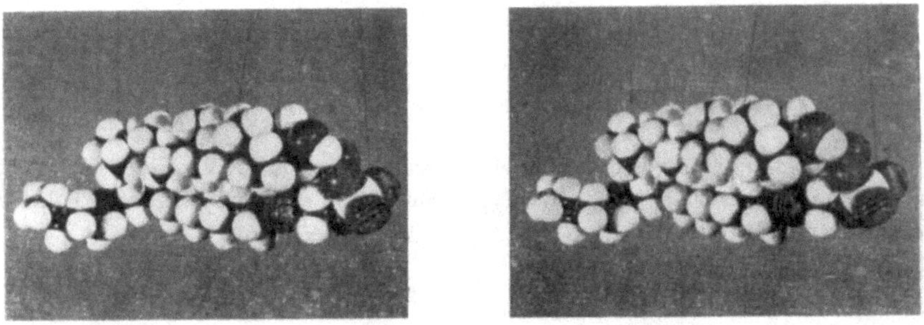

Das gleiche nochmals am CPK-Kalottenmodell verdeutlicht. Cholesterin klebt wie ein Pilotfisch an den langen Schwänzen der Lecithinmoleküle (zum Zwecke der Verdeutlichung ist hier nur eine Acylgruppe wiedergegeben). Man sieht im Vordergrund die zusätzliche H-Brücken-Fixierung und im Hintergrund die sich abrupt etwa vom C-11 vermindernde Fluiditätsblockade der Kohlenwasserstoffreste des Lecithinpartners, die dann nicht mehr in hydrophobem Kontakt zum Steroid stehen (vgl. [65, 66, 75]).

unbekannt – im Zuge der Evolution zu den raffinierteren Regelungsstrategien von Eukaryotensystemen zunehmend an Wichtigkeit für zumindest gewisse Membrantypen gewonnen hat. Diese weiteren, lipidartigen Membrankomponenten sind Steroide, und in der Hauptsache Cholesterin. Die Wechselwirkung zwischen Phospholipiden und Cholesterin mit seinen Abkömmlingen ist nun eine sehr enge Funktion der Phasenspiele von Lipidschichten überhaupt [42–45, 63–99].
Im Widerstreit selbst der Richtigkeit und Unrichtigkeit, der Zuverlässigkeit oder Unzuverlässigkeit unserer Anschauungen über Konformationszuordnungen der Einzel-

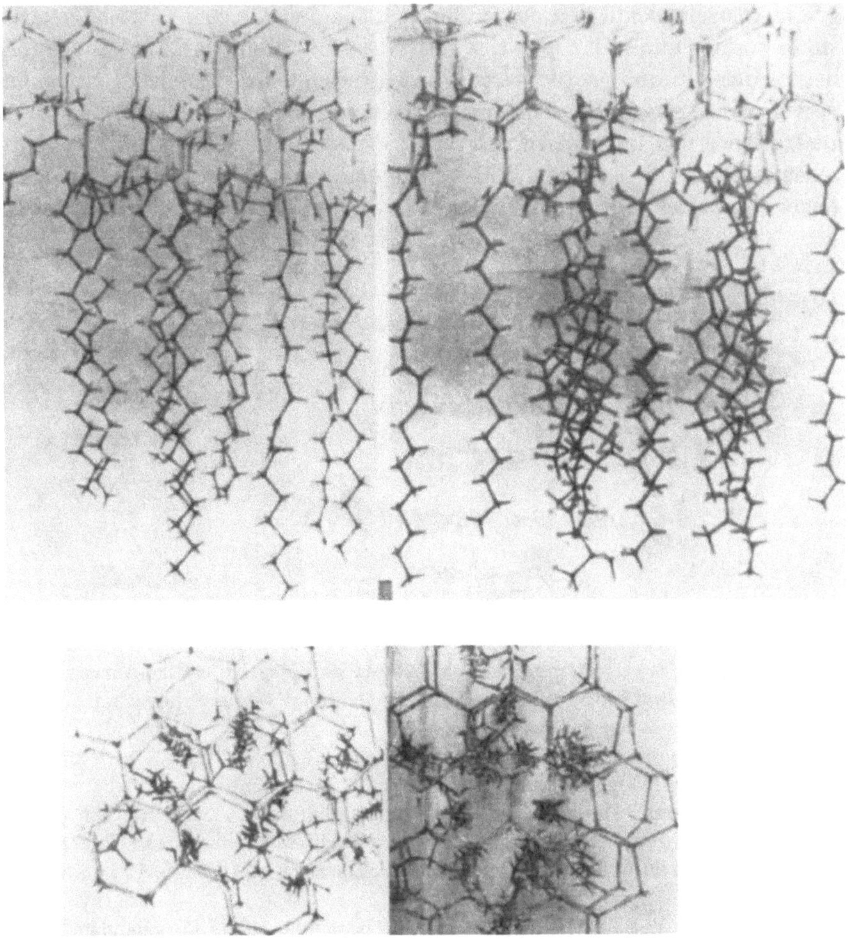

Strukturmodelle für die Lecithin-Cholesterin-Wasser-Membran in Dreiding-Modell-Darstellung nach E. Forslind u. R. Kjellander [190].
monolayer ohne (links) und mit (rechts) Cholesterin-Beteiligung in Seiten- und in Aufsicht.

moleküle ist natürlich unser Wissen von Phasen- und Phasenzuordnungen – zumeist an lyotropen Modellsystemen durchexerziert und erst in jüngster Zeit auch auf die relativ komplexen Verhältnisse einfacher natürlicher Membranen übertragen – umso mehr verschwommen und spekulativ. Versuchen wir Ordnungs/Unordnungs-Beziehungen auf dem Wege über quasikristalline, gelartige, kristallinflüssige und flüssige Zustände zu verfolgen, so beginnen wir im Augenblick mit Sichtung und ganz bescheidenen Strukturzuordnungsversuchen für einzelne gefundene Phasenbezirke [4, 5, 9, 33–45, 54, 55–82, 101, 102, 169, 171–177, 185–192].
Zerrisen noch im Widerstreit über die richtige Interpretation der Befunde an einfachen synthetischen Modellsystemen versuchen wir, uns erste Klarheit zu verschaffen über die Bedeutung und die Resultanten der unterschiedlichen hydrophil-hydrophoben Mischun-

gen im Einzelmolekül und davon abgeleitet in den einzelnen Molekülverbänden. Cholesterin vermag nun in Kooperation mit Wasser auf derartige Phasenübergänge zwischen ungeordneteren und geordneteren Phasenspielen deutlich Einfluß zu nehmen. Die eher verwirrenden ersten Befunde hinsichtlich der Wirksamkeiten unterschiedlicher Konzentrationen von Cholesterin und seiner Effekte in verschiedenen Temperaturbereichen scheinen gegenwärtig in ein Bild zu münden, wonach Cholesterin zunächst auf Grund seiner kompakten hydrophoben Natur bevorzugt Komplexe mit Lipidstrukturen bildet,

5-Cholesten-3β-ol (Cholesterin)

5α-Cholestan-3β-ol (Cholestanol)

5β-Cholestan-3β-ol (Coprostanol)

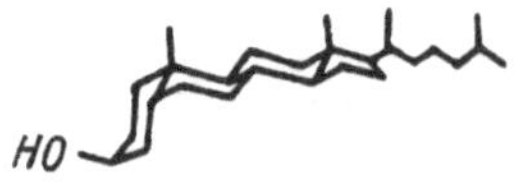

Cholesterin-Membran-Effektivitäten im Spiegel von Strukturvariationen:
(Cholesterin, Cholestanol und Coprostanol — im Schema nach I. C. P. SMITH [56] einander gegenübergestellt).
Cholestanol mit cholesterinähnlicher Struktur verhält sich nahezu analog. Die 5—6-Doppelbindung, ihr π-Leitungssystem und ihre Stereoabartigkeiten scheinen in erster Näherung noch verschmerzbar bzw. kompensierbar (zumindest in den Grenzen der Aussagekraft der hier gewählten spin marker-Untersuchungen).
Coprostanol mit der inversen Konfiguration zu Cholesterin in 5-Stellung zeigt keine Ordnungseffekte mehr.
Die Amputation des Cholesterins bezüglich seiner ausladenden 17-Seitenkette verringert die Effekte deutlich, die Inversion der 3-OH-Gruppe von der β- in die α-Position ebenfalls. Ihr Ersatz durch einen Wasserstoff im Cholestan führt zum völligen Verlust der Ordnungseigenschaften.
Struktur/Funktionsbeziehungen — im Beginn.

die in zusätzlicher Verankerung des Cholesterin-Hydroxyl in einer Wasserstoffbrücke zu den Phosphatgruppierungen eine hydrophobe Fluiditätsblockade der Kohlenstoffketten bis zu den C-Atomen 10—11 verursachen. Die Besonderheiten dieser zusätzlichen Teilfestlegungen der hydrophoben Lipidschwänze führen zu recht unterschiedlichen makroskopischen Auswirkungen hinsichtlich der Phasenzuordnungen, variiert zudem durch einige zusätzliche Aspekte wie z. B. ob derartige Komplexe von vorwiegend gesättigten oder ungesättigten Strukturen gebildet werden, die sich selbst ja schon durch unterschiedliches Schmelzverhalten ihrer Phasenbereiche auszeichnen. In Bereichen mäßiger Cholesterin-Konzentration, in denen die Cholesterinkomplexe innerhalb der Phasenbereiche der Lipidstrukturen cluster-artig verstreut vorliegen, führt dies unterhalb der Schmelztemperatur zu einer Verflüssigung, oberhalb zu einer Verfestigung der

Steroide — mit anderen „Membrankomponenten" zusammen auch bevorzugtes „spin label"-Werkzeug zur Untersuchung von Membranvorgängen.

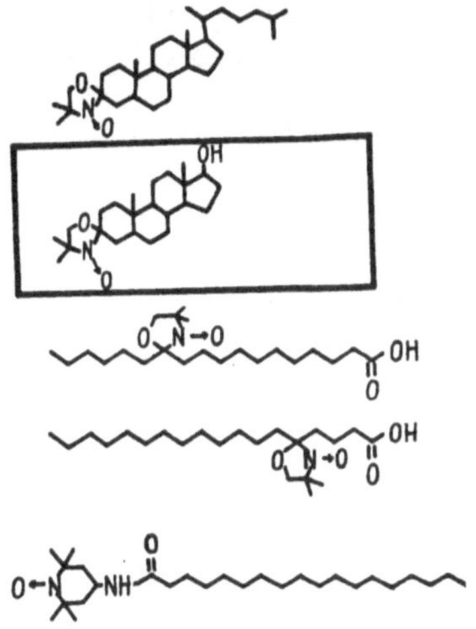

Eine kleine, sehr unvollständige Übersicht diesbezüglicher Möglichkeiten nach I. C. P. SMITH [56] und am Beispiel des oben umrandeten 3-spiro-2'[(N-oxyl-4'.4'dimethyl-oxazolidin)]-17β-hydroxyandrostan-(14)" (nach WALKER — vgl. Teil III — vielleicht auch hier ein „Nomenklatur-Beweis" für eine akademische Periode!) — die ersten Funktionalitätenmuster nach E. SACKMANN u. H. H. TRÄUBLE [76—78].

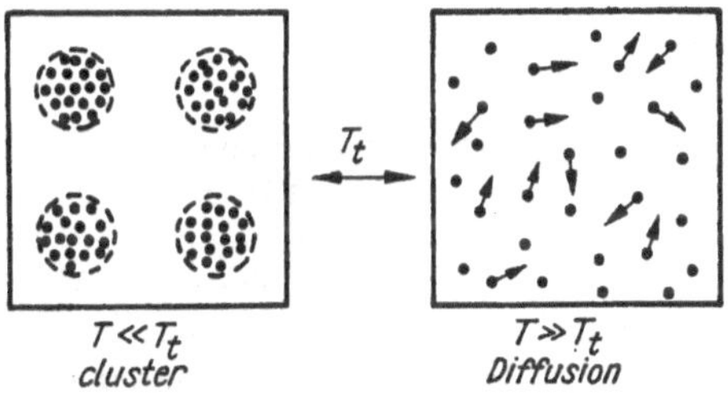

Molekulare Organisationsformen von Steroid/Lecithin-Membranen unter- und oberhalb des Lipid-Phasenübergangs.
Unterhalb des Phasenübergangs enthält die Lipidmatrix cluster von dicht gepackten Steroidmolekülen, oberhalb werden die Steroidkomponenten in der Lipidmatrix gelöst. Die Steroidmoleküle können innerhalb der Membranschicht translatorische Diffusionen ausführen.

Bilayer-Strukturmosaiks. Cholesterin vermag also die sehr temperatursensitiven Fluiditätsverhältnisse von Phospholipiden definierter Zusammensetzungsmuster bis zu einem gewissen Grade nivellierend temperaturunabhängig zu gestalten. Die Phasenübergänge verlaufen — abhängig von der Konzentration der cluster — verschmierter, weniger kooperativ und schneller. Oberhalb einer kritischen Konzentration, die je nach Zusammensetzung des Phospholipidkomponente noch variieren kann, kristallisiert Cholesterin in Eigenclustern aus. Die kooperativen Phasenbeziehungen werden dadurch gegenwärtig für uns noch undurchsichtiger.

Es hat nun bisher nicht an Spekulation über die Bedeutung dieser Cholesterin-Phasenmanipulationen gefehlt. Unabhängig von der experimentellen Ausdeutung im einzelnen wird die Wichtigkeit besonderer Mischverhältnisse zwischen Lipid- und Regelkomponenten für das Struktur/Funktions-Verhalten der Membran zu unterstreichen sein. Die Natur ist von Anfang an den Weg gegangen, den wir heute bei technischen Anwendungen von thermotropen kristallin-flüssigen Systemen nach im wesentlichen gescheiterten

Schemazeichnung der Steroid/Lecithin-Struktur/Funktionalitäts-Muster im Phasenübergang nach H. Träuble u. E. Sackmann [76–78].

oben: Unterhalb des Phasenübergangs liegt das Steroidmolekül sandwichartig zwischen den steifen Stäben der Lipid-Kohlenwasserstoffketten. Die hydrophobe Verklebung erstreckt sich nur über einen Teilbereich.

unten: Oberhalb des Phasenübergangs können die Paraffinketten Rotationsisomere (Kinken) ausbilden. Die Ketten können sich — nun sehr viel beweglicher — dem Steroidkern weit besser anpassen.

Unterhalb des Phasenübergangs überwiegt damit die Stabilisierung der Steroide in Eigenclustern, oberhalb die „Lösung" in der Lipidmatrix.

Natürlich ist hierbei nicht Steroid gleich Steroid; Cholesterin beispielsweise wird auf Grund seiner „Seitenkette" lipidanalog sehr viel besser solubilisiert als ein „nackter Steroidkern".

Die Funktionalitätenmosaiks sind noch unübersehbar — und die Untersuchungen im ersten stimulierenden Beginn.

Versuchen, ideale Einzelkomponenten für bestimmte Aufgabenbereiche zu entwickeln, bevorzugen, sie hat von vornherein ihre gewünschten Phaseneigenschaften „ermischt" und damit alle erforderlichen Membranprozesse gesteuert. So finden wir für die meisten Organismen eine sehr sorgfältige Auswahl der einzelnen Lipidmuster mit dem Ziel, eine optimale Annäherung an den kristallin-flüssigen Phasenübergangsbereich zu erzielen.

Schemaverdeutlichung anhand von Kalottenmodellen nach H. Träuble u. E. Sackmann [76–78].

unten:
Lipid-bilayer mit in die Paraffinphase eingeschlossenen Wasserstrukturen

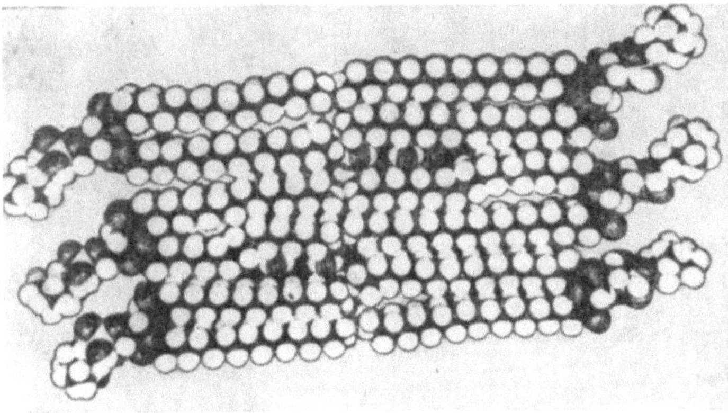

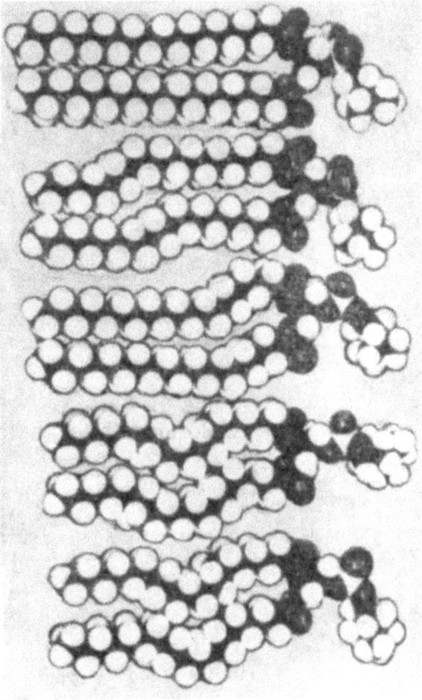

oben:
Monolayer von Lipidkomponenten;
von oben nach unten im Sinne zunehmender Beweglichkeit der Alkylketten

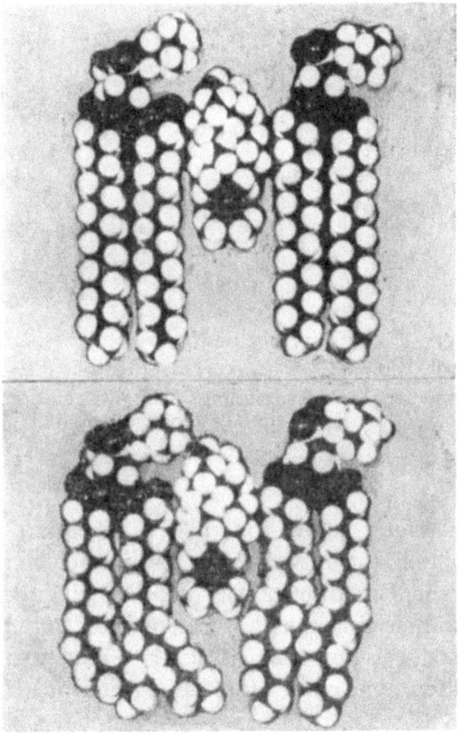

Phospholipid/Steroid-Wechselwirkungen:

Oben die spröde Bezüglichkeit zwischen Steroid und Lipidkomponenten unterhalb des „kristallin-flüssig"-Phasenübergangs, unten die kinkinduzierte, solubilisierende hydrophobe Anpassung oberhalb.

Cholesterin — und die noch weitgehend undurchsichtigen Potenzen der Steroide in allgemeinen Aspekten der Phasendirektion [65—99].

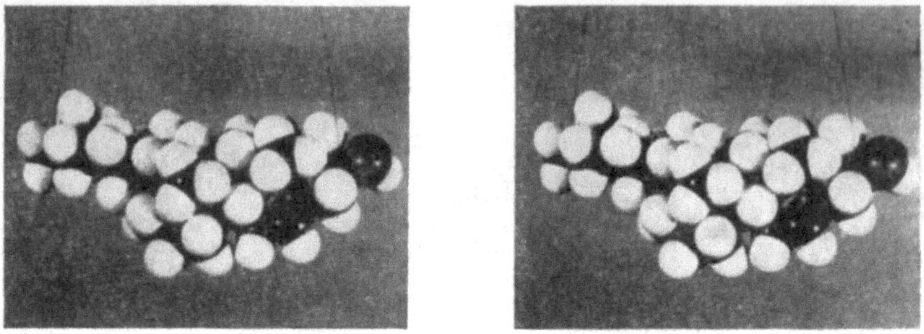

Cholesterin — CPK-Kalottenmodell — welche funktionellen Mechanismen verbergen sich noch hinter dieser „einfachen" Struktur?

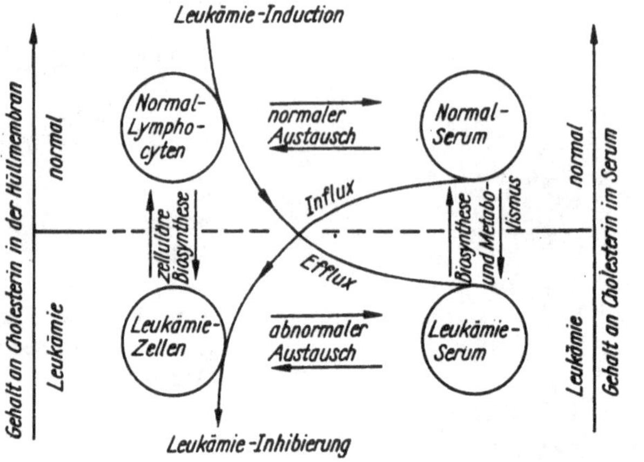

Wie komplex hier die Möglichkeiten sich bereits abzeichnen, verdeutlicht ein Effizienzschema von Cholesterin zwischen Leukämie-Inhibierung und -Stimulation nach M. Inbar u. M. Shinitzky (Proc. Nat. Acad. Sci. USA 71 (1974) 4229).

Bakterien, die bei niedrigeren Temperaturen aufgewachsen sind, haben höhere Beteiligungen von ungesättigten Fettsäuren in ihren Lipidmischungen als bei höheren Temperaturen aufgezogene, und für die höheren Organismen mag der Pinguin mit seinem Fuß-Temperaturgradienten zwischen kalten Zehen und wärmeren Keulenteil mit dem adäquaten Zumischungsverhältnis ungesättigter und gesättigter Fettsäuren sowie entsprechender Cholesterinkooperativitäten eine recht gute Illustration dieser Verfahrensweise darstellen [54—82].
Sicher ist damit die Rolle des Cholesterins noch nicht erschöpft. Warum mußte es gerade diese Substanz sein? Die bisher von den Membranologen aufgefundenen Eigenschaften von Phospholipid-Cholesterin-Komplexen könnten auch mit einfacheren Zumischungssubstanzen zu erzielen sein. Cholesterin aber ist ein ganz besonderer Körper, der mit

seinen abgeleiteten Steroidderivaten unterschiedlichste Regelhierarchien zu kontrollieren und determinieren vermag. Läßt man einmal die Skala dessen vorüberziehen, was und an welchen Stellen Cholesterin und ähnliche Steroide alles bewirken und vermögen, wo überall sie vorkommen, ohne daß wir ihnen bereits eine definierte Funktion zuordnen können, mit Ausnahme vielleicht der Tatsachen, daß sie essentiell ist, und erinnert man sich zu welch vielfältigen Wirkungen thermotrope Phasenbeziehungen cholesterinischer Komponenten zwischen DNA/RNA-Phasenspielen, Arteriosklerosen und Memoryeffekt

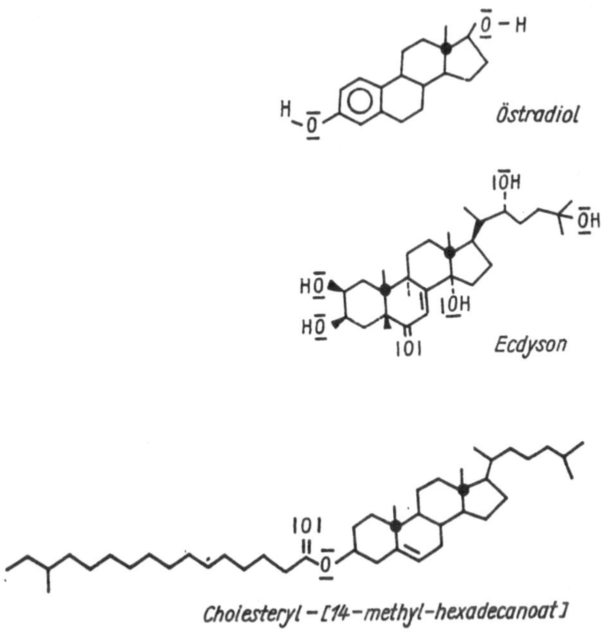

Östradiol, Ecdyson, Cholesteryl-(14-methyl-hexadecanoat) — Partnermoleküle in Nucleoprotein-Phasendirektionen [84, 85—99].

befähigt sind, dann möchte man meinen, daß wir erst am Beginn eines langen Weges in die variablen, vielfältigen Regelbeziehungen derartiger Verbindungen in Kooperation mit Lipidkomponenten und anderen Phasenpartner stehen [34—45, 83—99, 128—218]. Verschwommen und undeutlich zeichnet sich für die Membranologie so etwas wie eine sehr viel diffizilere und adäquatere Behandlung der einzelnen Phasenzuordnungen ab, die in Kooperation unterschiedlicher Membrankomponenten und -bestandteile den von jeher eher abstrakten Widerstreit zwischen lyotropen und thermotropen Systemen innerhalb der Membran — aber nicht nur hier! — in einen gemeinsam wirkenden und fungierenden Aspekt zusammenschmilzt, unter dessen Ägide die besonderen Cholesterinwirksamkeiten eine ähnliche Rolle spielen wie die nun noch abschließend zu betrachtenden Wechselwirkungen mit der zweiten großen Membrankomponenten: den Membranproteinen.

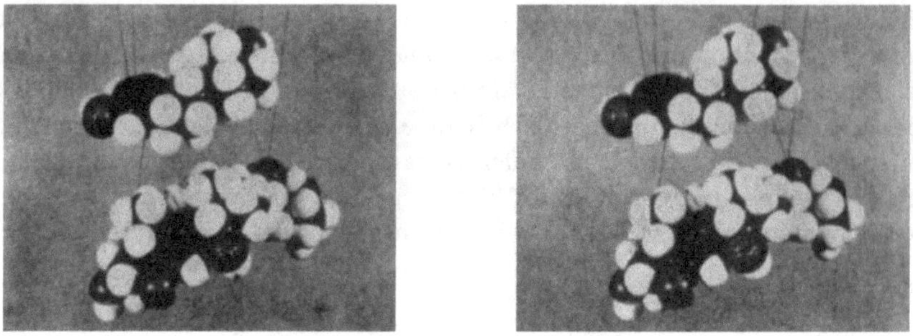

CPK-Modelle:
oben: Östradiol;
unten: Ecdyson.
Funktionalitäten in partiellen stack-Assoziationen an Polynucleotide — Phasendirektionen aus allosterischen Bereichen von Nucleoproteinsystemen heraus? [84, 85, 183, 184].

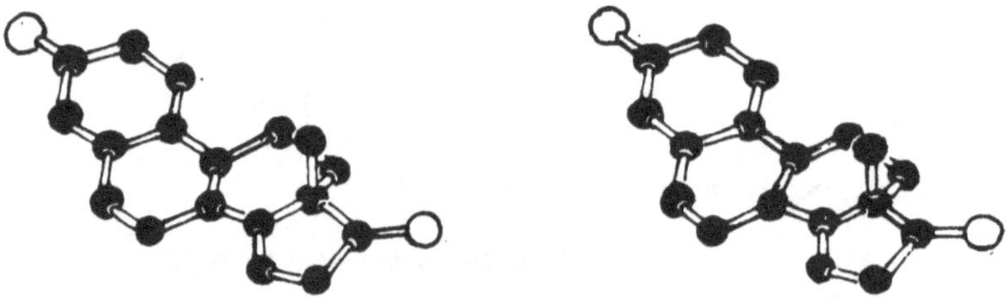

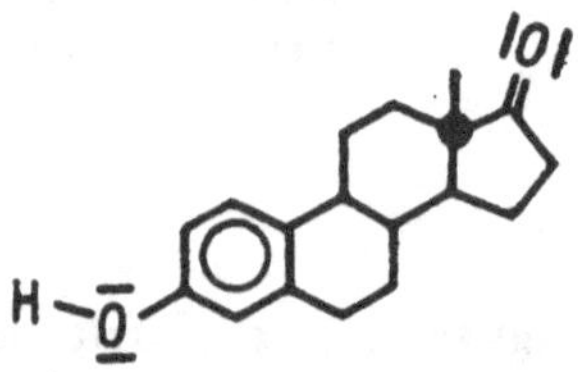

Schemastereozeichnung des Östrons — Effektorsubstanz zwischen struktureller Aromatenplanheit und Aliphatenstereospezifik — zwischen π-Leitung, hydrophoben Einpassungsmöglichkeiten, polaren Kontakten und H-Brücken-Fixierungen.
Vielgestaltige Steroidambitionen — am einzelnen Beispiel heute noch genau so verwirrend wie das große Gesamtmuster fein differenzierter Struktur/Funktions-Mosaiks.
(Modifizierte Computerdarstellung eines Br-Derivats von E. F. Meyer [93]; freundliche Überlassung des Autors.)

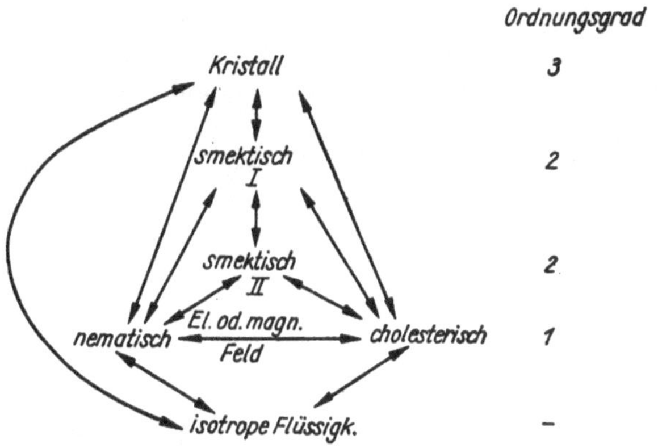

Beziehungen zwischen verschiedenen thermotropen kristallin-flüssigen Phasen nach G. ELLIOTT [40].

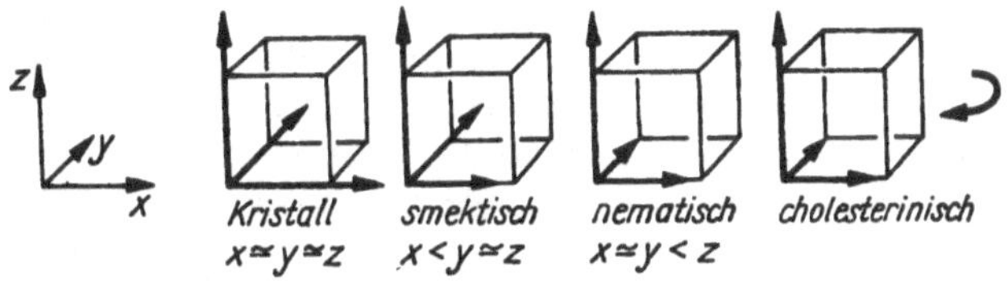

Thermotrope kristallin-flüssige Phasen in Abhängigkeit von den intermolekularen Anziehungskräften x, y, z [178–184].

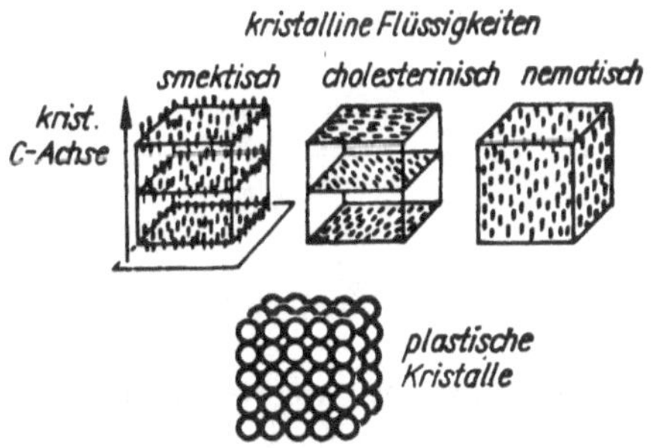

Idealisierte Molekülanordnungen in thermotropen kristallin-flüssigen Phasen nach B. BÖTTCHER [186].

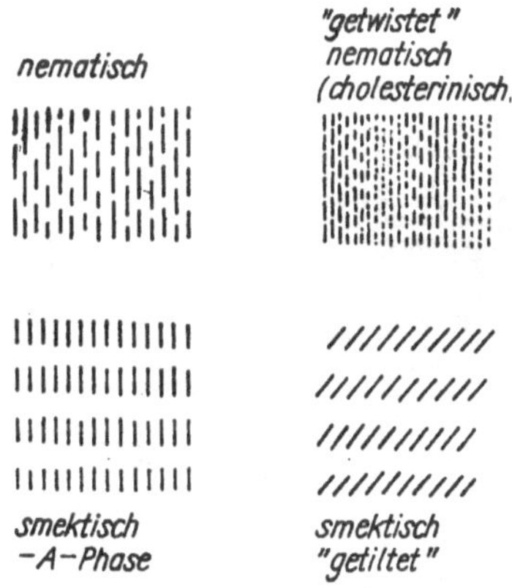

Erste Variationsmuster nematischer und smektischer Mesophasen.

1.2. Das Proteinkorsett

Die Überschrift impliziert vielleicht schon einen etwas falschen Standpunkt. Was sind Proteine in und an Membranen? Die Uneinheitlichkeit der Meinungen bezüglich der Lipidmuster setzt sich für die Proteine fort [4–6, 10–14, 100–103, 169, 171–177, 193–218].

Einige in Membranen identifizierte Enzyme
(ausgenommen Transportproteine)

Myelin:	—
Erythrocyten-membran:	Diphosphopyridinnucleotidase, Adenosintriphosphatase, Glucose-6-phosphatase, Acetylcholinesterase, Carboanhydrase, Carnitin/Palmityl CoA-transferase, Lecithinsynthetase, Glycolytische Enzyme
Leber-Plasma-membran:	Adenosintriphosphatase, Phosphatase, Amidase, Phosphodiesterase, 5'-Nucleotidase
Mitochondrien:	Elektronentransportkette (Cytochrome, Chinone, Flavoproteine) Citronensäurecyclus-Enzyme, Fettsäuren-Oxidationsenzyme, Transaminasen, Monoaminooxidasen, Pyruvatcarboxylase, Phosphoenolpyruvatcarboxylase, Nucleasen, Glutamatdehydrogenase, Fettsäure-Acyl-CoA-Synthetasen, Mg^{++}-aktiv.-Adenosintriphosphatase, Porphyrin-Syntheseenzyme, Harnstoff-Cyclus-Enzyme
Bakterien (gram-positiv):	Adenosintriphosphatase, Cytochromoxidase, Red.-Diphosphopyridinnucleotidoxidase, Succinatdehydrogenase, Malatdehydrogenase, Lactatdehydrogenase, α-Ketoglutarat-dehydrogenase, Malicenzyme, Säurephosphatasen, α-Glycerophosphatasen

Lipid/Protein-Wechselwirkungen:
Ein schwacher Abglanz dessen, was sich „proteinisch" in Membranen ereignen kann, in einer sehr unvollständigen kleinen Ausschnittsübersicht nach F. Wold [2].

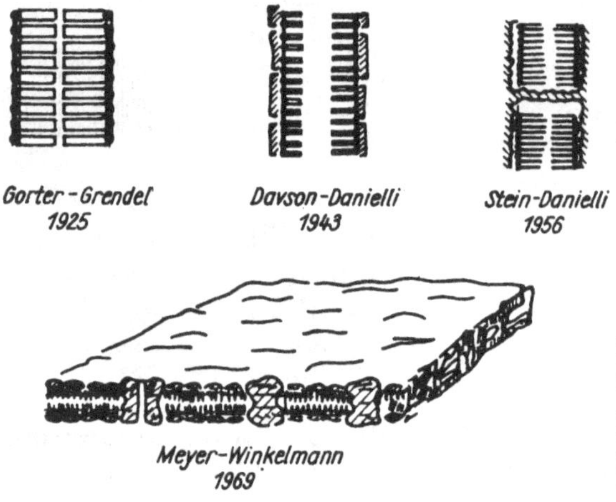

Lipid/Protein-Wechselwirkungen — Fragen nach den Verbandstopographien und die vielen Modellantworten. Modellvorschläge modifiziert nach H.-D. Dörfler [5].

Die heutigen „Basismembran“-Modellalternativen.

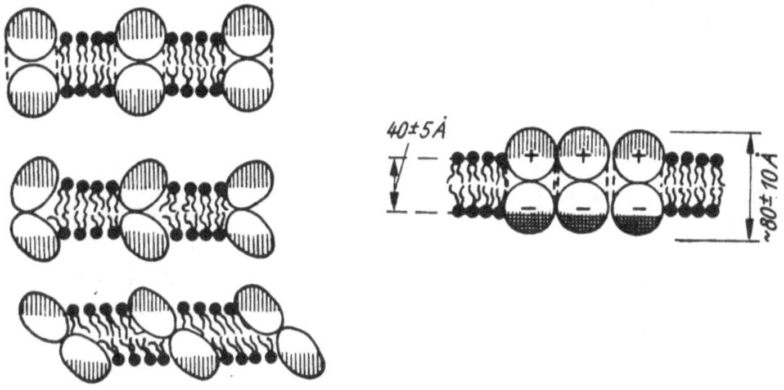

Die Doppel-bilayer aus Lipiden und amphiphilen (bimodal) Proteinen, die mit ihrem hydrophoben Teil in der Membran verankert sind und ihre hydrophilen Partien — ähnlich den umgebenden Lipidmustern — dem Wasser darbieten.
Daneben ein Vorstellungsschema der Erzeugung elektrischer Potentiale durch räumliche Separation nicht kompensierter negativer und positiver Ladungen im hydrophoben Innern der bimodalen Proteine. Schema nach D. E. Green u. Mitarb. [12, 13] (modifiziert und ergänzt).

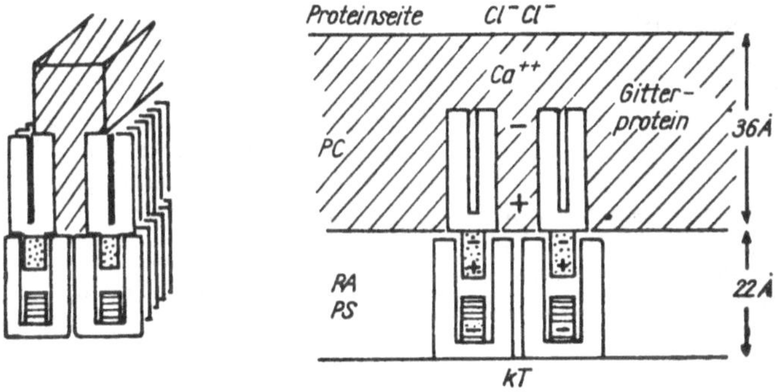

Die Modell-Alternative zum gleichen Problem von W. Kreutz [4].
Kopplung von Gitterproteinen und Lipiden durch PC — eine generelle „Kopplungssubstanz“ nach diesem Konzept —
oben: räumliche Situation an einem Ring der Untereinheit des Strukturproteins.
unten: Ladungsverteilung innerhalb der obigen Kopplungseinheit.

Eine gewisse Übereinstimmung mag noch darin gefunden werden, daß man allgemein bereit ist, zwischen äußeren, der Membran nur assoziierten Proteinbestandteilen, und inneren Proteinkomponenten, die den Membranen inherente Bestandteile darstellen, zu unterscheiden.
Während man in äußeren Proteinkomponenten vorzugsweise mit polaren Oberflächen in das Wassermilieu hinausragende Strukturen sehen möchte, die vorwiegend als Enzyme katalytische Aufgaben zu erfüllen haben, gehen die Meinungen hinsichtlich Struktur und Funktionalität der interneren Proteinbestandteile weit auseinander. Die Meinungs-

Struktur- oder Gitterproteine, viele Vorstellungen — wenig experimentell gesichertes.

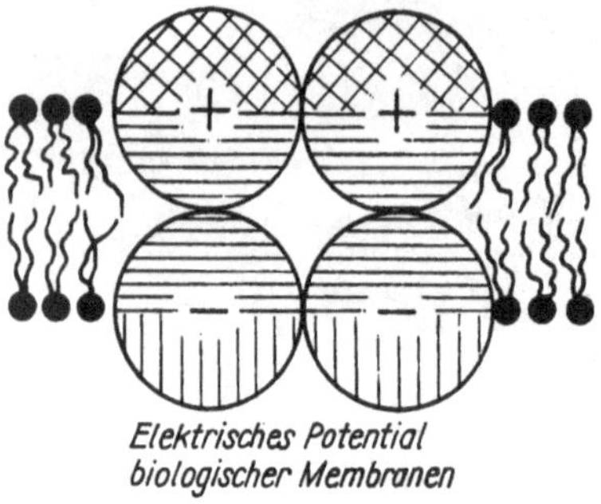

„Bimodale" Proteine — Hydrophobes in die Membran, Hydrophiles in die Wasseroberfläche — nach D. E. GREEN [13]. Erzeugung elektrischer Potentiale durch die bilayer-Schichtung von Lipiden und Proteinen.

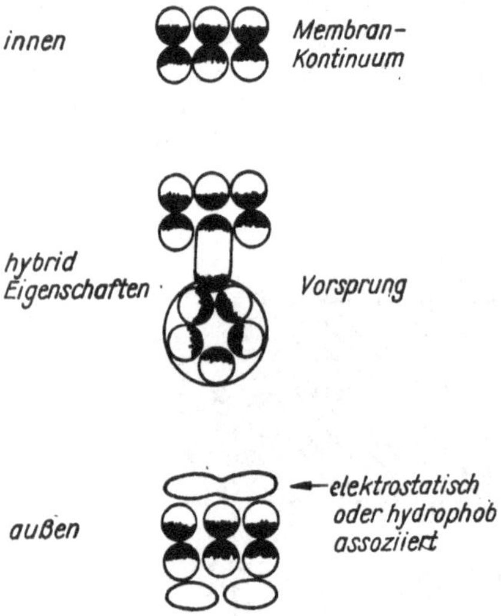

Kategorien von Proteinen — in und an Membranen nach D. E. GREEN [13], Lipide weggelassen.
oben: innere, bimodale Proteine;
mitte: vorspringende Proteine mit hybriden Eigenschaften;
unten: äußere, lösliche Proteine.
Schema modifiziert nach D. E. GREEN [13].

extreme formulieren einmal derartige innere Membranproteine als bestimmten Membranmustern zugeordnete, sehr spezifische und detaillierte Protein-Funktionsmuster, die nur in der Nebenoperation gewisse Bindungsaufgaben innerhalb des Funktionsverbandes eben jener individuellen Membran zugewiesen bekommen haben. Das andere Extrem möchte in einer Vielzahl derartiger Proteine echte „Struktur"-Proteine sehen, die in ihrer Hauptaufgabe Stütz- und Strukturierungsfunktionen innerhalb der Membran übernehmen und erst in zweiter Linie — aufdifferenziert auf spezielle Membranmuster — individuelle Operations/Funktions-Muster ihrer jeweiligen Membranbezirke ausfüllen. Dem Lipid-bilayer wird dabei als spezifisches „Stützkorsett ein bilayer amphipathischer, sogenannter „bimodaler" Proteine zugeordnet, die selbst in losen Kontakten von fluiden Bereichen von Lipidmolekeln umgeben sind. Die Zuordnung eines solchen Proteinbilayers zu den Phasenbereichen der Membranstruktur setzt gewisse Polaritätskriterien für möglichst optimale Phasenanpassungen zwischen den einzelnen Membrankomponenten voraus. Die Zwitternatur der „Struktur"proteine kommt in einer polaren, dem Wassermilieu zugewandten Oberflächengestaltung zum Ausdruck, die ihr Membran-Phasenäquivalent in einem ausgesprochen hydrophoben Bereich findet, der den Kontakt zur Kohlenwasserstoffphase der Lipidstrukturen vermittelt. Eine derartig apolare Phasenausstattung kann allerdings auch erst in einer nachträglichen Ausstaffierung der Proteinkomponenten mit apolaren Strukturen — im einfachsten Fettsäuren — oder auch durch Assoziation von Lipidstrukturen erworben werden.

Strukturproteine nach W. Kreutz [4] — die andere Sicht der Dinge.

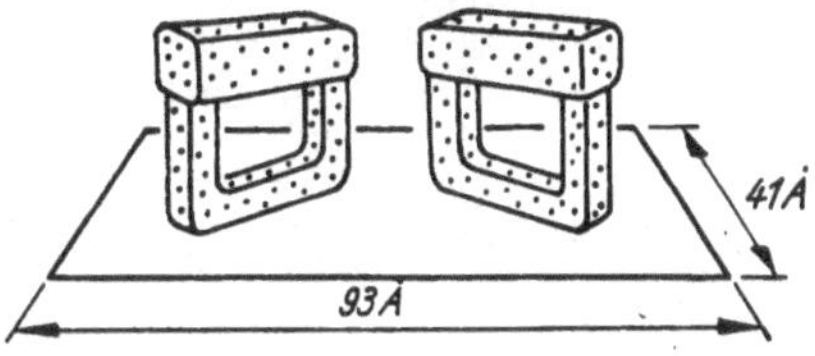

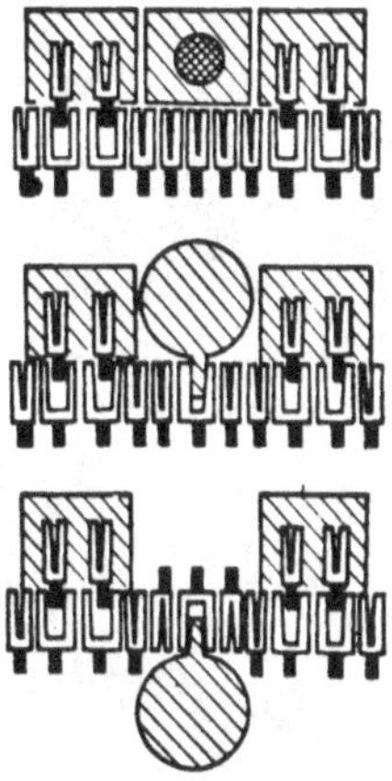

Schemadarstellung der Masseverteilungen in der Tertiärstruktur von Gitterprotein-subunits nach W. Kreutz [4] (links).
Anlagerungen von Funktionsproteinen an die Basismembran nach W. Kreutz [4] (rechts).
oben: Umwandlung einer Gitterproteinuntereinheit durch Bindung einer prosthetischen Gruppe;
mitte: Kopplung von Proteinen an die Proteinschicht der Membran durch Proteinwechselwirkungen und durch Kopplungsmoleküle zur Lipidphase;
unten: Kopplung eines Proteins an die Lipidphase der Membran — allein durch ein Kopplungsmolekül.

Das bilayer-Bild der Proteinschichtungen rechnet nur in Ausnahmefällen mit die Membran voll überspannenden Strukturen — „transmembrane-channels“, wie sie innerhalb der Proteinmuster diskutiert wurden. Es setzt dagegen für viele Proteinkomponenten Monomeren/Oligomeren- bzw. —/Multimeren-Gleichgewichte voraus, die im Wechselspiel von polar/apolaren Phasenäußerungen und in Ergänzung und Kooperation zum Lipidflor Transportvehikel und Operationsstrukturen für die unterschiedlichsten Membranpassagen aufbauen können.
Bisherige Strukturaufklärungen solcher Strukturproteine lassen definierte Gestaltsmuster bis zu einem gewissen Grade noch offen, weshalb die einzelnen Modelle auch von rahmen- bis zu kugelförmigen Aggregaten alle möglichen Varianten unterschiedlich bevorzugen. Wahrscheinlich ist dagegen, daß nicht — wie ursprünglich angenommen — β-Strukturen sondern eher α-Helices die wichtigsten Baugruppen jener Proteinstrukturen ausmachen. Der kombinierte Lipid/Protein-bilayer würde in asymmetrischer Gestaltung auf Grund unterschiedlicher Ladungsmuster der beiden Membranperi-

Valinomycin — carrier des aktiven Ionentransports — Das Phasenspiel des Valinomycin-K^{+}-carriers:

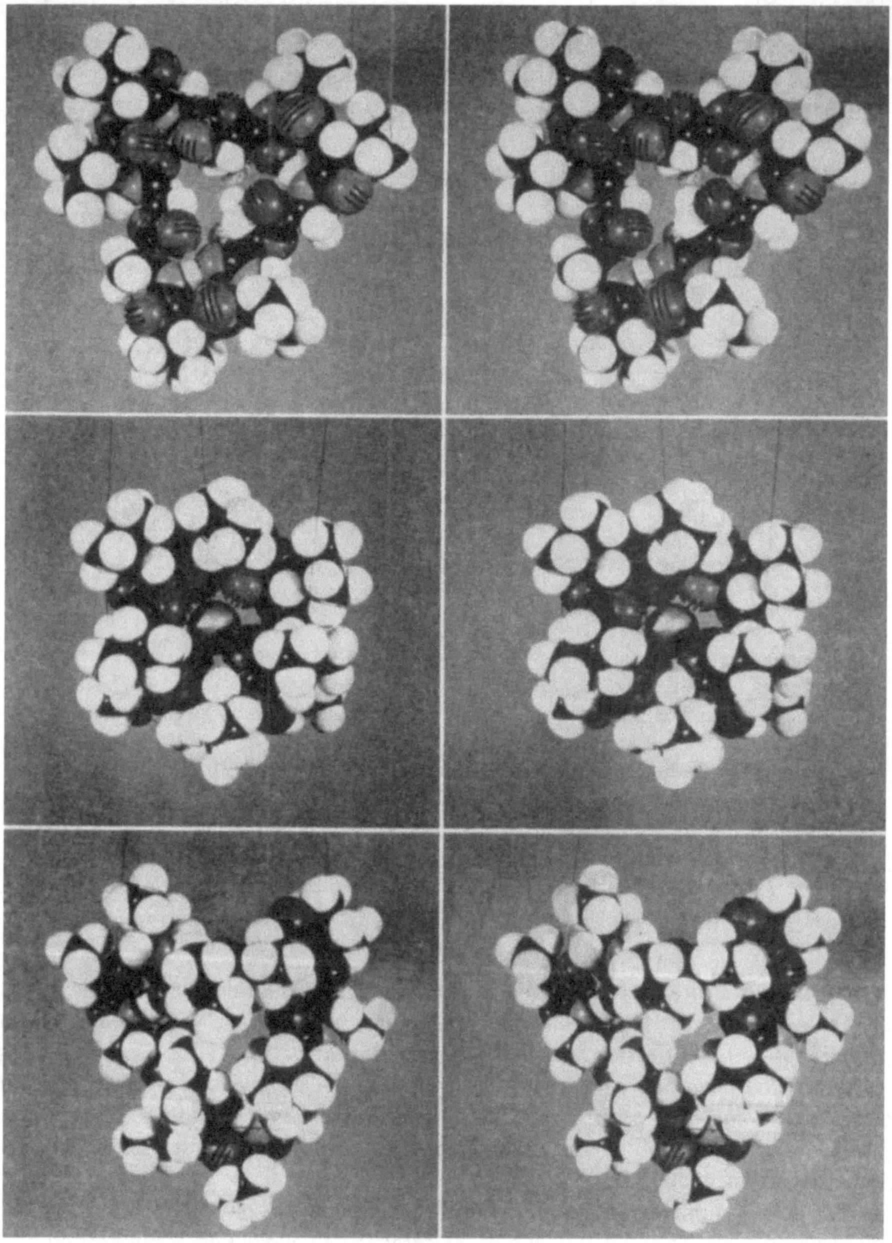

oben: das hydrophobe Umrandungsmuster in die Membran getaucht, die polare Empfangsregion gegen die Wasserphase geöffnet — könnte der carrier in der Membranoberfläche ein K-Ion erwarten;

mitte: das K-Ion befindet sich jetzt in der geschlossenen „Taucherglocken"anordnung des carriers — von seiner Hydratsimulationsphase komplexiert, mit den hydrophoben Ummantelungen für die Membranpassage vorbereitet;

unten: (entgegengesetzte Blickrichtung wie oben) die hydrophobe Membranverankerung des carriers ist dem Betrachter zugewandt — auf der abgewandten Seite ist der polare Ionenerkennungsbereich zum Empfang wie zur Entlassung des K^{+} in die Wasserphase gerichtet.

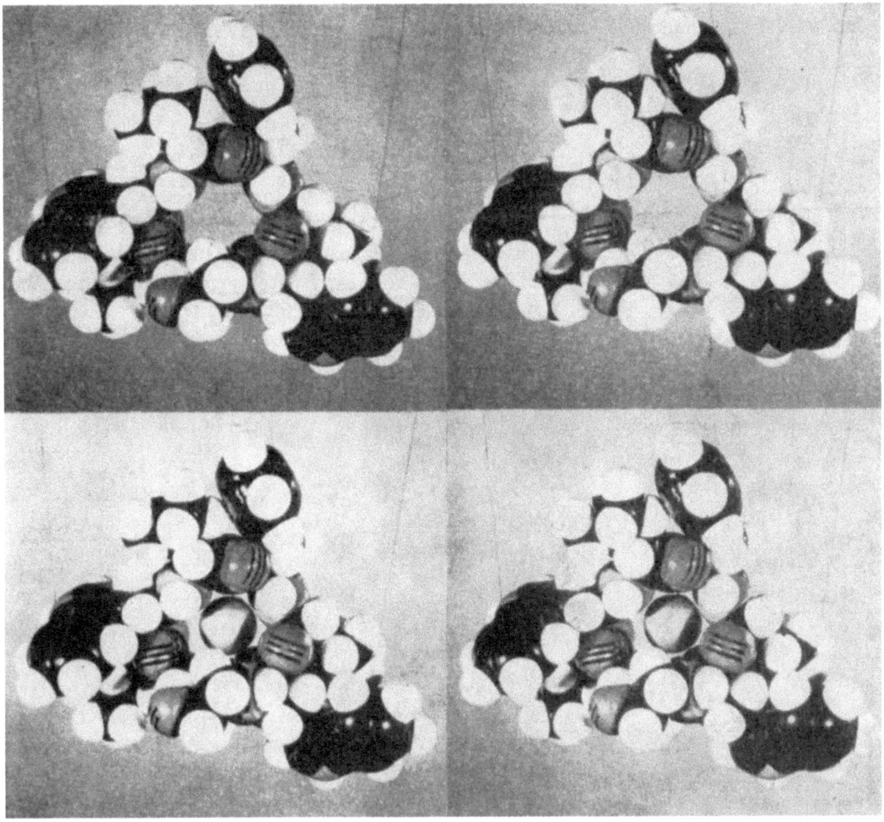

oben: Schlundregion des Kanalsystems — mit polaren Empfangsmustern gegen die Wasserphase geöffnet, mittels hydrophober Umkleidungen in die Paraffinschicht der Membran versenkt;

unten: das gleiche Bild wie oben — jedoch mit einem K^+ in der molekularen Peristaltik des Modellkanals.

Modellvorstellungen nach dem Valinomycin-carrier- und dem Gramicidin-Kanalsystem — die CPK-Modelle erinnern noch einmal an die Wiedergaben in Teil II — sind wahrscheinlich nur ein prinzipielles Modell.

pherien relativ zwanglose Erklärungsmöglichkeiten für die Erzeugung von Membranpotentialen bieten.

Die Membran ist in ihrer zweidimensionalen Ausstattung als Polyelektrolytteppich in Ergänzung zu den eher stäbchenartigen Polyelektrolytstrukturen der Nucleinsäuren- und den dreidimensionalen Arrangements reiner Proteinsysteme ein ähnlich fein abgestimmtes und auf Grund ihrer Ladungsmuster regelbares Gebilde. Noch sind unsere Vorstellungen auf diesem Gebiet in allerersten Anfängen, und doch zeichnet sich schon hier so etwas wie eine einer Bioelektronik zugeordnete und überlagerte — sie in vielen Details und Funktionsmustern ergänzende — „Bioionik" ab, die den stereoelektronischen Matrizenbegriff um die Spielart stereo-bioionischer Schattierungsmuster bereichert.

Abgesehen von Enzymen haben Membranfunktionsproteine hauptsächlich Transportaufgaben zu bewältigen.
Doch auch hier ist die experimentelle Fundierung dünn, die Vorstellungen sind spärlich.

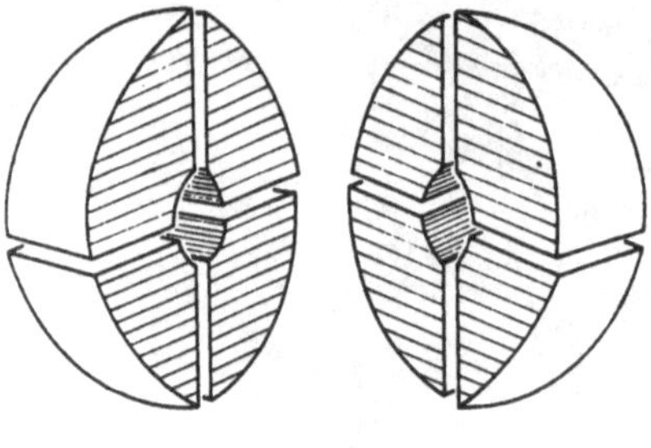

Oktettstruktur von Transportproteinen, die durch spezifische subunit-Assoziationen entsprechende Leitungskanäle bilden können. Vorstellungen und Schema nach D. E. GREEN u. R. F. BRUCKER [12].

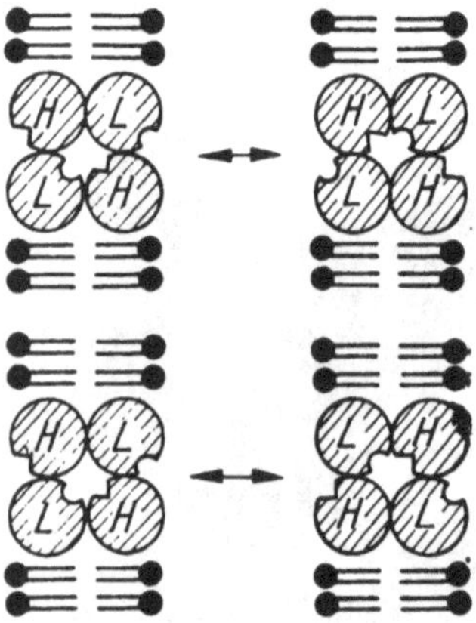

Tetrameren-Carrier für Ionentransportvorgänge. Vorstellungen und modifiziertes Schema nach W. D. STEIN u. Mitarb. [137].

Und die gedankliche Abstraktion in die stoffliche Realität übersetzt:
Modellspielereien um einen Na-Kanal nach J. R. SMYTHIES u. Mitarb. [204].

Asp – Pro – Gln_1 – Pro – Gln_2 – Pro – Gln_3 – Pro – Asn – Pro – Gln_4 –

Basisplan einer möglichen „Ionenpore" auf Basis einer indiziengefolgerten spezifischen Peptidanordnung.

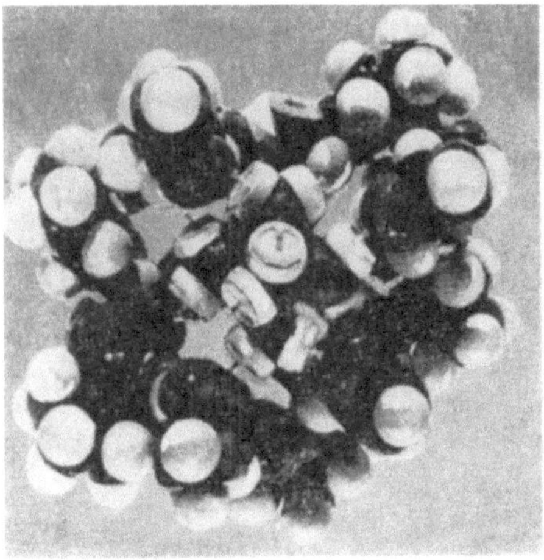

CPK-Modell eines hydratisierten Na-Ions in der hypothetischen „Ionenpore" des hypothetischen Na-Kanals.

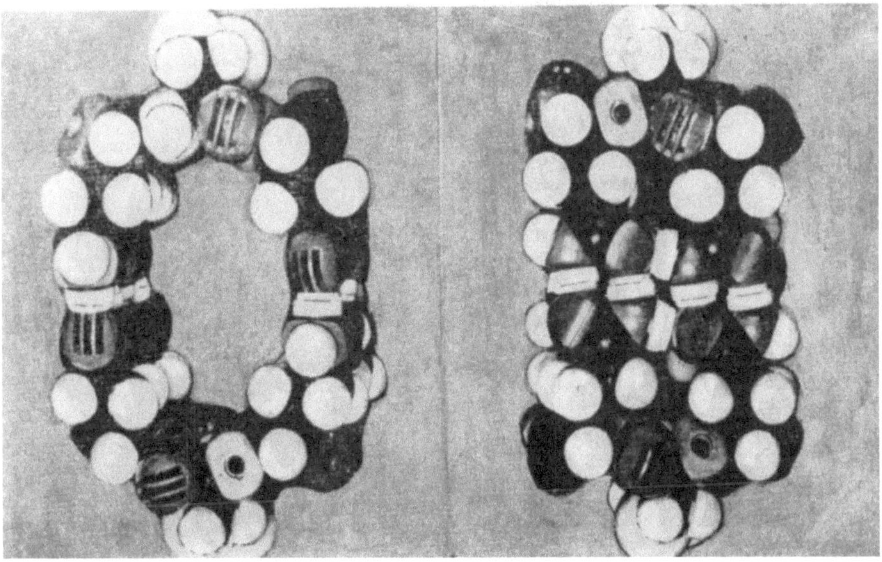

Den Kanal selbst stellt man sich folgendermaßen vor: zwei wechselseitige β-Faltblätter der möglichen Sequenz (-Pro-Gly-x-Met-x-Gln-Cys-Gln-x-Met-x-)$_n$ (hierbei ist x eine lipophile Aminosäure wie Ile oder Val und n = ca. 10) werden durch lipophile (hydrophobe) Met/Met-Kontakte und Gln/Gln-H-Brücken zu einer rechteckigen Röhre quer über die Membran zusammengeschweißt. Ein innerer „Schließer" — auf Gln/Gln-H-Brückenwechselwirkungen beruhend — regelt die Passage.
CPK-Darstellung des offenen und geschlossenen „shutters".

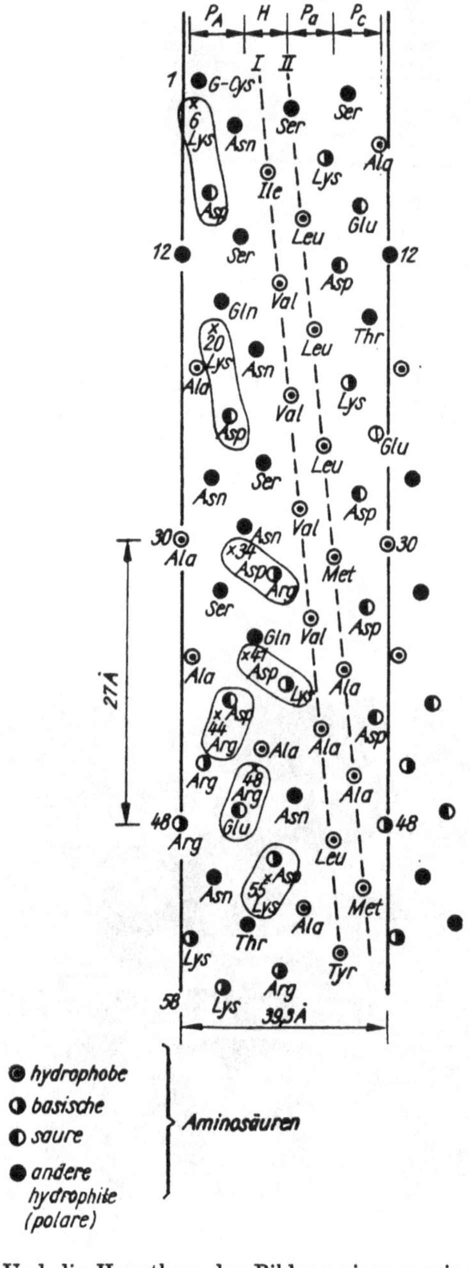

Und die Hypothese der Bildung einer passiven Diffusionspore auf der Grundlage eines voll sequencierten Lipoproteins der *E. coli*-Außenmembran nach M. Inouye [194].

Das Protein selbst bindet am N-terminus mit seiner ungewöhnlichen Endaminosäure Glycerylcystein zwei langkettige Fettsäuren ester- und eine amidartig. Am C-terminus kann es kovalent an der Peptidoglycanschicht fixiert sein.

Die Diffusionspore wird durch eine aus sechs α-Helices bestehende Superhelix gebildet. Diese Superhelix ist nach innen hydrophil, nach außen hydrophob aus-

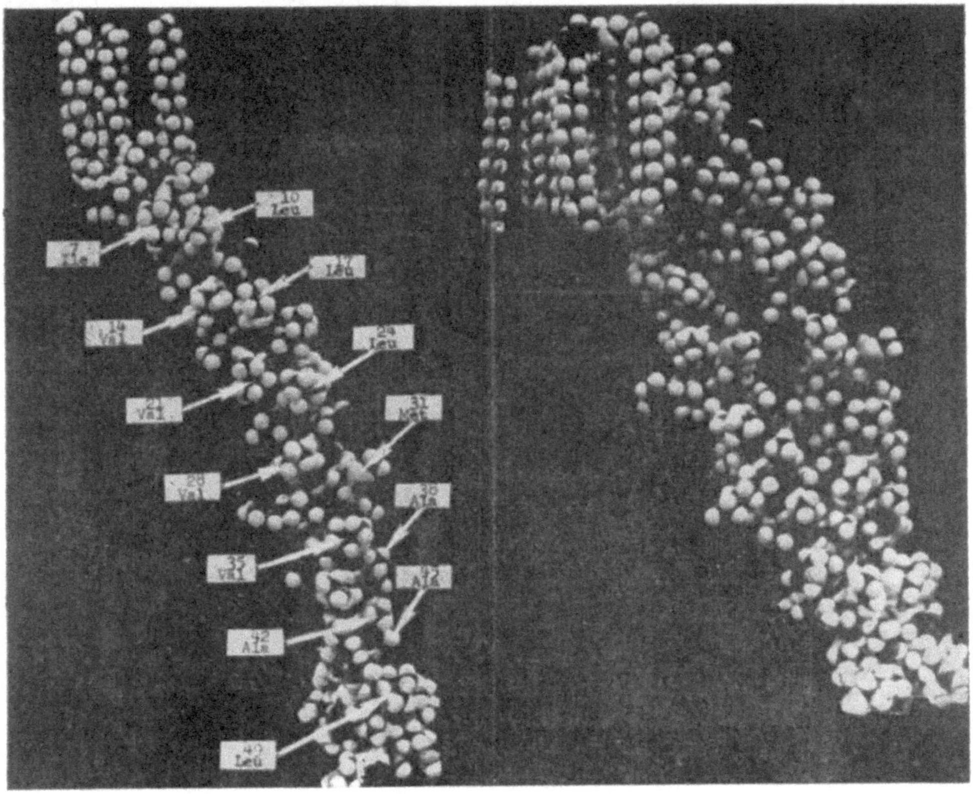

CPK-Verdeutlichung einzelner Teilausschnitte der Superhelix.
links: Darstellung einer Einzelhelix als Teilbereich des Verbandes. Die „Lipidmütze“ ist hochgestülpt;
rechts: eine zweite Helix schmiegt sich unter hydrophoben und interionischen Kontakten an die Ausgangshelix an — die „Lipidmütze“ ist jetzt „aufgesetzt“.

← gekleidet. Sie wird neben hydrophoben Verklebungen durch sieben ionische Wechselwirkungen benachbarter α-Helixindividuen stabilisiert.

Mit 75 Å überspannt die Anordnung die gesamte Membran. Dabei vermitteln die Fettsäureschwänze der N-termini den hydrophoben Kontakt zur Lipidschicht, zwei Individuen des Sechserverbandes sind am anderen Ende kovalent am Peptidoglycan„layer“ gebunden.

Die Sequenz des Lipoproteins ist nebenstehend in einem α-Helixnetz dargestellt. $P_A P_a P_C$ bilden die hydrophilen, H die hydrophoben Bänder. Im P_A-Band sind die interionischen Kontakte zur Nachbarhelix zusätzlich (eingerahmt) vermerkt. Die Partner-Aminosäuren der Nachbarhelix sind dabei mit x- indiziert.

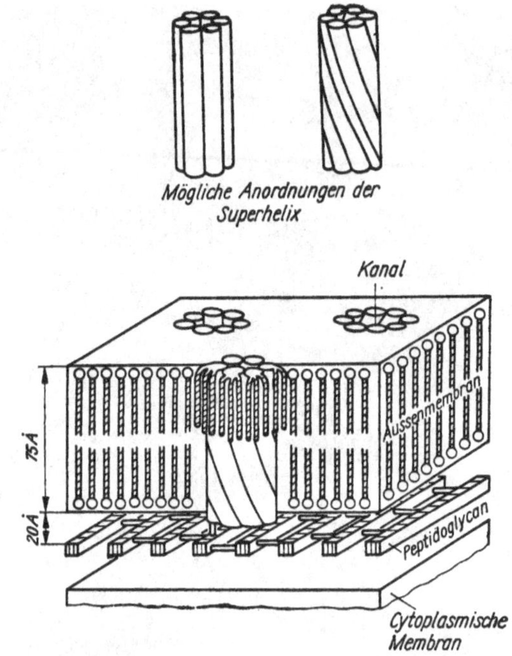

Schematische Verdeutlichung der Einbeziehung der Superhelixporen in den Membrangesamtverband.

1.4. Von der Basismembran zur Funktionsmembran

Und während uns Membranmodelle weiterhin begleiten, wir über Vernetzungen innerhalb und zwischen Lipid- und Proteinmustern meditieren, während wir versuchen, Struktur/Funktions-Korrelate aufzustellen, die vielfältigen Membranmöglichkeiten hinsichtlich Kationen/Anionen-Austausch, Stofftransportbezüglichkeiten von Poren-, Carrier- und Pumpenmechanismen — verursacht durch Diffusionsvorgänge, elektrische Feldmuster und angelenkte metabolische Energielieferungsprozesse —, zu separieren und zu kontrollieren, beginnen wir zögernd und tastend auch den Weg in die Vielschichtigkeit natürlicher asymmetrischer „Funktions"membranen [4—6, 10—14, 104—168, 169, 171—218].

Doch während wir das Spektrum möglicher Untersuchungsverfahren nach und nach abtasten, projezieren wir nur zu oft die Unsicherheiten und Zweifel an unseren einfachen Modellen in die Komplexität und Vielschichtigkeit der Funktionsmembranen, die damit das zerrissene Spektrum unserer Ansichten für ihre Modelle getreulich und potenziert erneut widerspiegeln. Und selbst für einzelne konturierte Membranbeispiele, an denen sich unser besonderes Interesse im Augenblick festgefressen hat, ist sowohl in spezifischen Einzelheiten wie auch in allgemeineren Membranproblematiken der Durchbruch noch nicht erzielt.

Es ist immerhin auch schon ein variantenreiches Struktur/Funktions-Spektrum, welches unsere Funktionsmembranmuster voneinander trennt und unterscheidet. Einfache,

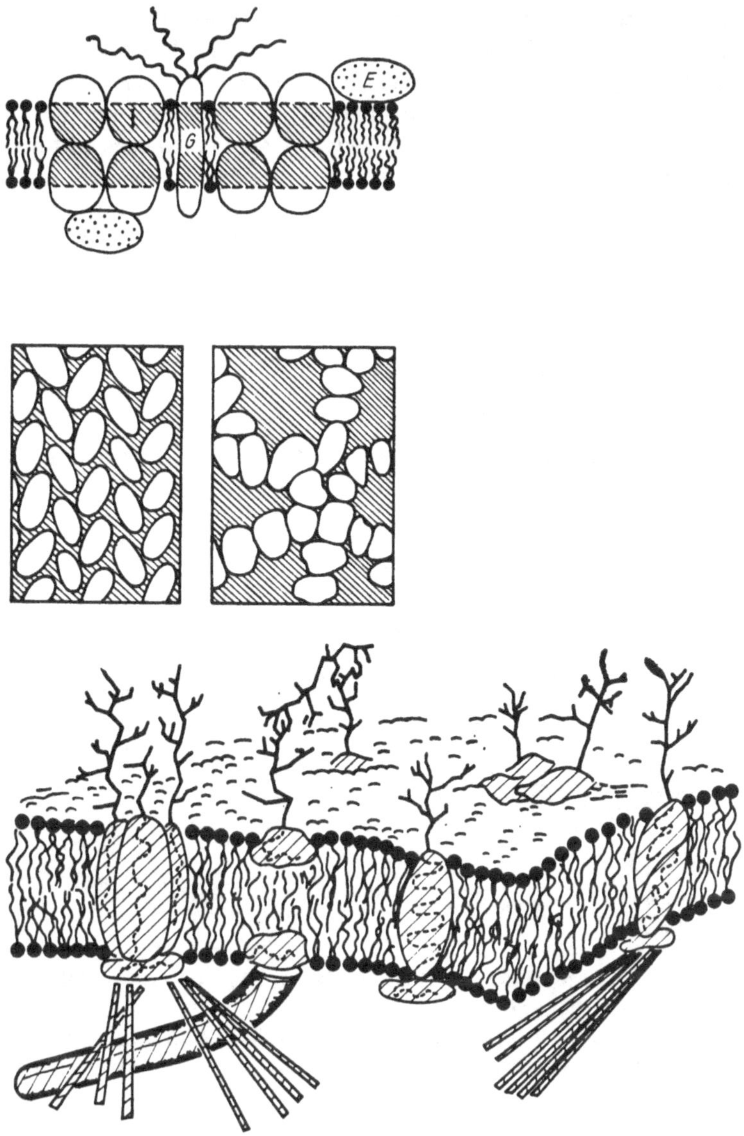

Versuch einer Zusammenschau des klassischen Lipid/Protein-Doppel-bilayer-Systems zur vereinfachten Funktionsmembran.
oben: Ansicht parallel zur Membranoberfläche. I: innere und E: äußere Proteine, innere Proteine in bimodaler Ausgestaltung, G: die Membran überspannendes Glykoprotein.
Die „Gluko“-Schwänze dürften zusammen mit dem übrigen Sensorium eine entscheidende Rolle bei interzellulären Kontakten und Erkennungsvorgängen spielen.
mitte: Ansichten auf die Membranoberfläche mit Anordnungsmustern der Proteindomänen; links: Interkomplexassoziationen entsprechend der Cytochromoxidase; rechts: Irreguläre Proteindomänenanordnungen der meisten Membranen.
unten: Versuch einer allgemeinen Sicht.
Schemata modifiziert nach R. A. Capaldi u. D. E. Green [102].

eher schon makroskopisch wahrnehmbare Parameter wie die Fluidität der Strukturen reichen von der in etwa olivenölähnlichen Konsistenz der Retina-Sehstäbchen-Außensegment-Membranen bis hin zu den eher kristallinen Vertretern membraner Ausprägungsmuster wie der Mitochondrieninnenmembran. Die Lipid- und Proteinmuster — von anderen Komponenten noch nicht zu reden — sind ein getreues Abbild spezifischer Aufgabenstellungen.

Funktionsmembranen:

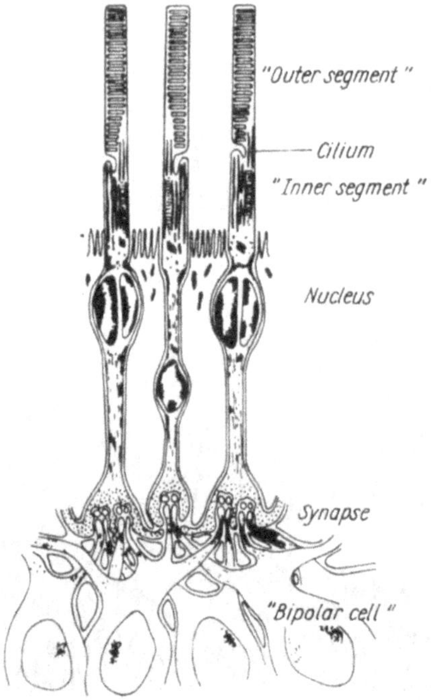

Die Retina-Außensegment-Membran [4, 11, 104—108, 197—199].
— zur Morphologie:
Aufbau einer Vertebraten-Photoreceptor-Zelle nach S. L. Bonting [106].
Die äußeren Segmente sind in ihrer Membranstapelung oben zu erkennen.

Hohe Beteiligung ungesättigter hydrophober Fettsäurestrukturen verleiht der Retina-Außenmembran jenen fluiden Zustand mit aufrechterhaltener Fernordnung bei labiler Nahordnung, der den Rhodopsin-Proteinen eine zwar experimentell festgestellte, aber noch immer nicht voll begriffene Beweglichkeit innerhalb des Membranfilms erlaubt, dessen Parameter wir von einfachen Operations-erzwungenen Bewegungsvorgängen bis hin zu möglichen Funktionen als Diffusionscarrier begreifen möchten [4—6, 10—14, 101—108].
Gänzlich andere Strukturmuster der Lipidkomponente markieren den hiervon unterschiedlichen Aufgabenbereich der Myelinmembran: eine von einer einzigen Membranstruktur gebildete dicke Haut, die spiralig die Nervenfaser als Isolatorschicht umrollt.

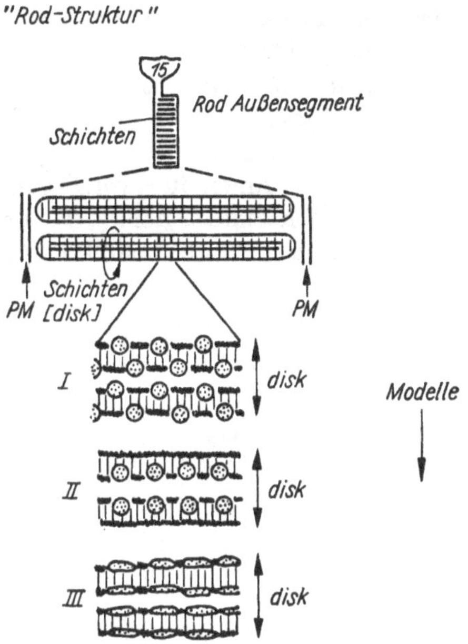

Retina-Außensegment-Membran, von der Morphologie zur molekularen Deutung. Schemadiagramm eines Schnittes durch die Außensegmentstruktur nach E. A. DRATZ u. Mitarb. [105].
Die Zahl der oben wiedergegebenen Schichtungen der Außensegmentmembran entspricht etwa 1% der tatsächlichen. Der Stapel der Außensegmentmembranen ist durch eine Plasmamembran (PM) umhüllt.
I–III sind Protein (⁚⁚⁚) / Lipid (‖‖‖) - Schichtungsinterpretationen der Retina-Außensegmentmembran.

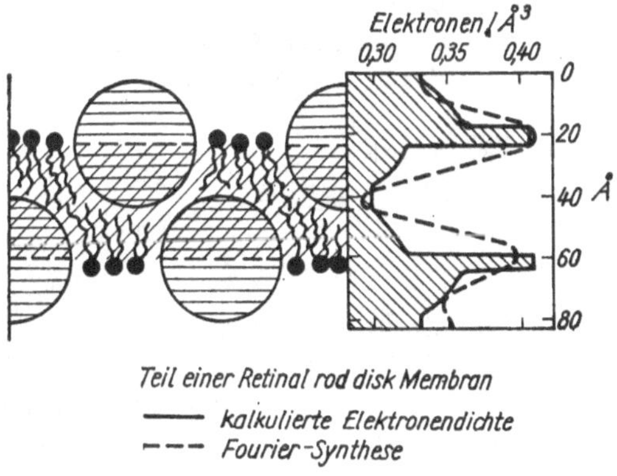

Retina-Außensegment-Membran — Deutung im klassischen bilayer-Modell: Elektronendichteprofil und bilayer-Membraninterpretation nach G. VANDERKOOI [11] einander gegenübergestellt.

Hier baut hoher Cholesterin- kombiniert mit insgesamt hohem Lipidgehalt teilweise ungewöhnlicher Lipide wie Sphingomyelin, Cerebroside, Sulfatide usw. mit Kettenlängen bis hin zu der völlig ungewöhnlichen Zahl von 25 C-Atomen eine sehr konsistente „durchschlags"gesicherte Kohlenwasserstoffphase auf. Diese von der spezifischen Aufgabenstellung her erzwungene hohe strukturelle Festigkeit machte die Myelinmembran übrigens zum ersten experimentellen Beispiel für die Anwendung von Röntgenstruktur- und Elektronenmikroskopiedeutungsversuchen. Ein ähnlich dankbares, das heißt für diese Untersuchungsmethoden relativ „stillhaltendes" Objekt fand sich später auch in

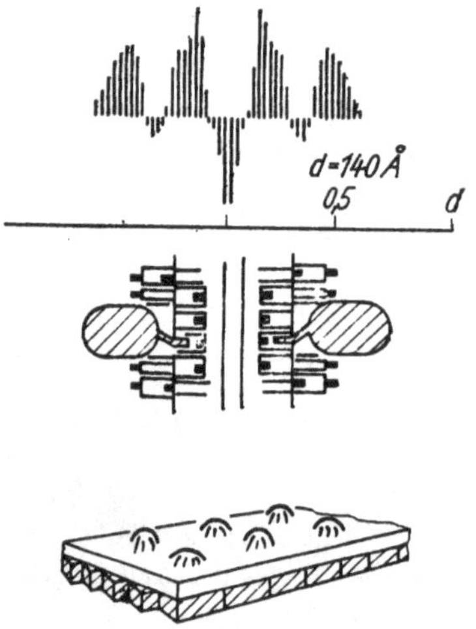

Retina-Außensegment-Membran — in der Deutung von KREUTZ [4].
Elektronendichteprofil mit molekularer und phänomenologischer Interpretation.
Wiedergegeben ist die Struktur eines Membranpaares (oben und Mitte) bzw. einer Einzelmembran (unten).
Die Proteinverteilung wird ähnlich wie im klassischen bilayer-Modell nach BONTING (folgend) gesehen. Die Lipidphase wird — abweichend davon — als komplexes Domänenmuster von p_{ex}- und p_{in}-Lipidanordnungen gesehen. Als Kopplungsmolekül zwischen Rhodopsin und Lipidpartnern könnte in dieser Deutung Retinen selbst fungieren.
Schema modifiziert nach W. KREUTZ [4].

den auf Grund hierarchischer Funktionsstrukturen erzwungenen hohen Ordnungszuständen der Cytochromoxidase-Membran [4—6, 10—14, 101, 102, 109—111].
Wieder andere Aspekte offenbart die hochorganisierte Photosynthese-Membran der höher entwickelten Pflanzen. Diese Funktionsbatterien, die in ihren Struktur/Funktions-Mustern einen der ganz großen Wendepunkte komplexer Evolutionsmuster markieren, die in ihren Operationsfolgen überhaupt erst die Voraussetzung für das Entstehen von Leben im Sinne unserer heutigen Vielfalt schufen, sind als Membran und als Struktur/Funktionsmechanismus ein Problem besonderer Art. Die Zahl der Lipid-

komponenten ist um eine hochspezifische Form, das Chlorophyll, bereichert, ein ferner hochentwickelter Abkömmling vielleicht jener ersten frühen Energie/Phasen-Konversionsmuster auf Basis ungesättigter hydrophil-hydrophober Strukturelemente, im einfachsten Falle möglicherweise zunächst sogar nur ungesättigter Fettsäuren, ein System, das hergeleitet aus präbiotischen Strategien in einem komplexen Einbettungsmechanismus diffizile Operationsstrategien innerhalb von Batterien unterschiedlich strukturierter und unterschiedlich manipulierter hydrophober Chromo-

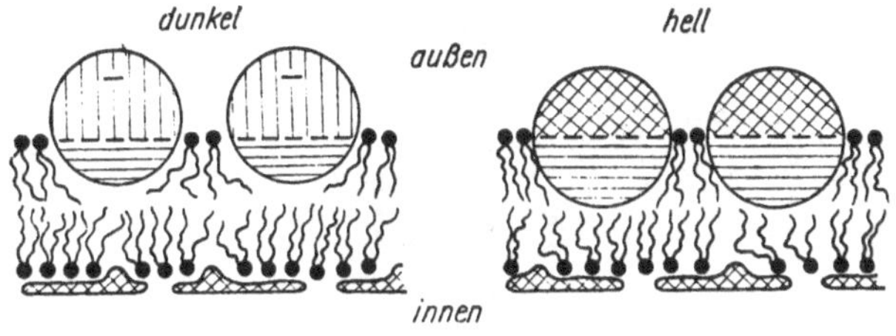

Retina-Außensegment-Membran — Deutung nach dem klassischen bilayer-Modell [104–108].
Darstellung nach S. L. Bonting [106].
Die Rhodopsin-Kugeln — ca. 42 Å im Durchmesser, ca. 55 A voneinander angeordnet — tauchen in der Dunkeladaptierung (links) zu einem Drittel in die Lipidschicht ein, bei Belichtung (rechts) versinken sie zur Hälfte darin. Die unterschiedliche Eintauchtiefe wird durch eine negative Überschußladung am vorspringenden hydrophilen Teil des Pigmentmoleküls verursacht. Bei Belichtung wird diese negative Überschußladung durch einen Konformationswechsel des Proteins stark vermindert. Damit wird die Abstoßung unter den Pigmentmolekülen vermindert, und sie können tiefer in die Lipidphase eintauchen. Für die Membraninnenseite (im Bild unten wird eine Nicht-Rhodopsin-Proteinbesetzung (ca. 13%) angenommen.
In nativen Rhodopsin ist das Chromophormolekül in einer hydrophoben Spalte des Moleküls verborgen. Im Metarhodopsin-II-status wird es dagegen exponiert. Die Proteinstrukturen des Rhodopsins scheinen in der durch besondere Mischungsverhältnisse der Lipidspecies außerordentlich liquiden Lipidphase ziemlich frei beweglich. Die in ihren verschiedenen Abhängigkeiten und Bezüglichkeiten keineswegs bisher verstandenen Bewegungen werden u. a. auch unter den Aspekten zusätzlicher Diffusionscarrierfunktionen diskutiert.
Im übrigen differieren die Deutungen bezüglich molekularer Abmessungen, Struktur- und Funktionsinterpretationen bei den einzelnen Autoren teilweise beträchtlich [104–108, 197–199].

phorregionen entwickelte, um im Wechselspiel zweier Photosystemhierarchien die komplexe Aufgabenstellung der Verwertbarmachung spezifischer UV/V-Spektral-Energiebereiche für ganze Synthesehierarchien zu begründen und zu erfüllen. Ein Verband, der sowohl die hydrophoben Wechselwirkungen langgeschwänzter Fettsäurestrukturen wie die elektronisch fein manipulierbaren elektronischen Wechselwirkungen innerhalb von spezifischen EDA-stacks — ähnlich den Funktionsbildern der Nucleinsäuren — für eine andersartige Aufgabenstellung nochmals erfand und entsprechend den Erfordernissen abwandelte und manipulierte [4, 46, 47, 112–119, 200–203].

All unsere Bemühungen auf diesen Gebieten haben jedoch bisher im wesentlichen keine einheitliche Meinungsbildung ermöglicht. Zu kompliziert ist wahrscheinlich auch im Augenblick noch unsere Situation, zu inadäquat unser Versuch, ein dynamisches Organisationsschema wie eine Funktionsmembran durch adynamische Beschreibungen wie Röntgenstrukturanalysen oder Elektronenmikroskopieuntersuchungen entwirren zu wollen, zumal die Komplexheit dieser Formen auch noch im für uns noch immer etwas grauen Niemandsland zwischen den Untersuchungsoptima dieser beiden an sich

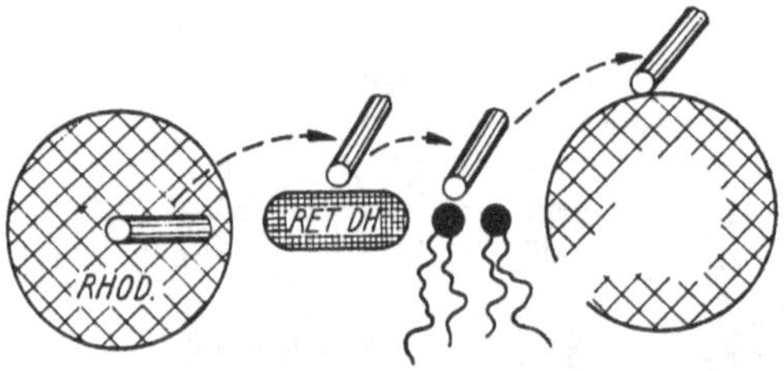

Retina-Außensegment-Membran — Hypothesen zum Mechanismus nach S. L. BONTING [106].
Die Photoisomerierung des Retinals von cis nach trans induziert einen Prozeß konfigurativer Umorientierungen im Opsin. Die Folge: Rhodopsin $\xrightarrow{h\nu}$ prelumi — lumi — meta I — meta II — Retinal + Opsin führt zum Verlust des Aldehydmoleküls. Als kovalente Fixierung von Retin wird die Bildung einer Schiffschen Base mit der ε-Aminogruppe eines Lysins angenommen. Da Rhodopsin insgesamt über 15 Lys verfügt, besteht innerhalb des Belichtungsprozesses hier auch die Möglichkeit für „intermolekulare" Wanderungen des Chromophors, die Befunde von BONTING scheinen dies aber auszuschließen.
Der Chromophor dürfte während der photolytischen Umwandlung von Rhodopsin zu Metarhodopsin II zunächst am gleichen Lys des Opsins gebunden bleiben. Beim Zerfall des letzteren wandert er — lipidvermittelt — zur aktiven site von Retinoldehydrogenase und an Aminogruppen von Lipiden und sonstigen Proteinen.
Deutungen, die insgesamt eigentlich mehr Fragen stellen, als sie gegenwärtig zu beantworten in der Lage sind.

sehr leistungsfähigen Methoden angesiedelt ist. Unsere eher dynamischen Sonden magnetospektrographischer Untersuchungsverfahren, die für die Erhellungen breiter Bereiche der Funktions/Struktur-Hierarchie von Modellmembranen bereits einen wichtigen Beitrag geleistet haben, fressen sich noch in der Komplexität der natürlichen Funktionsmembranen fest.
So begegnen wir Bildern unterschiedlicher Interpretationen gleicher Untersuchungsinhalte, unterschiedlicher darauf aufbauender Hypothesen und Spekulationen, die eine fernere Zeit hoffentlich einmal in die höhere Würde von Theorien umzufunktionieren vermag. Was wir heute an theoretischen Gemeinsamkeiten zusammentragen, ist daher weniger etwas tatsächlich wissenschaftlich experimentell verifiziertes. Es sind bei ketzerischer Betrachtung eher schon Glaubenssätze und Dogmen, die — aus Modellen und Analogbetrachtungen ähnlicher komplexer Organisationsformen hergeleitet — auch für Membranen und bisweilen gerade speziell für sie als verbindlich betrachtet werden können.

Innere Mitochondrien-Membran [101, 14].
Elektronenmikroskopische Erfassung — Versuch einer molekularen Interpretation.

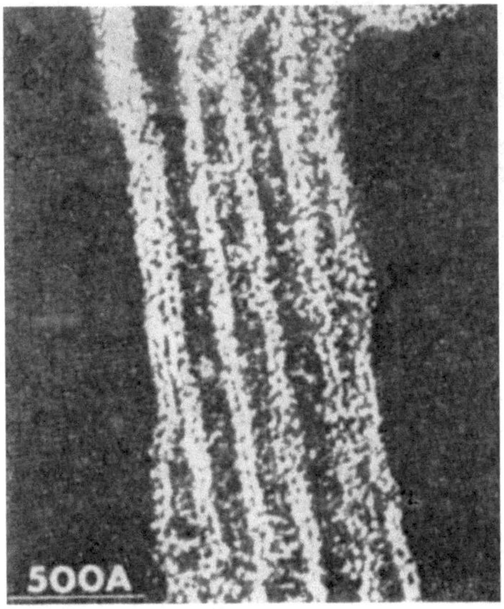

Doppelreihenstrukturen der Inneren Mitochondrien-Membran nach T. WAKABAYASHI in D. E. GREEN [101].

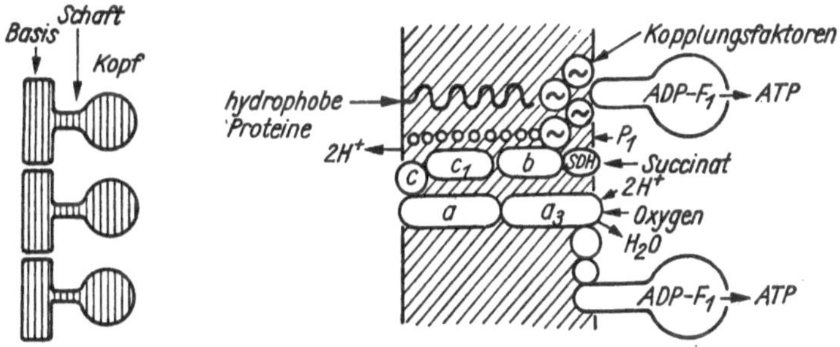

Versuch einer Topographie der Elektronentransportkette der inneren Mitochondrien-Membran nach S. RAZIN [14].

links: Anordnung der Proteine in Wiederholungsmustern von Dreiereinheiten. Die Kopfstücke enthalten die ATPase, die Schaftteile Faktoren zur Kontrolle der Oligomycin-Sensität der ATPase und die Basisbereiche verschiedene Teile der Elektronentransportkette;

rechts: Versuch einer Topographie der Elektronentransportkette (Cytochrome, Succinatdehydrogenase (SDH)) mit entsprechenden Vernetzungen.

Modifizierungen nach E. RACKER u. Mitarb. [14].

Mitochondrieninnenmembran — im Gegensatz zur Retina-Außensegment-Membran das Beispiel eines hochgeordneten, in funktionellen Netzwerken strukturell festgelegten, eher kristallinen Verbandes.

Myelin — Funktionsmembran als Isolator [4, 109].
Die durch spezifische Lipidmischungen „durchschlagsfest“ gemachte Lipid/Protein-Spiralhaut des Nervenaxons repräsentiert sich in ähnlichen Elektronenmikroskopiebildern wie die Mitochondrieninnenmembran.
Die Strukturinterpretationen beginnen hier selbst schon auf der Basis des bilayer-Modells der Asymmetrie der Funktionsmembran Rechnung zu tragen.

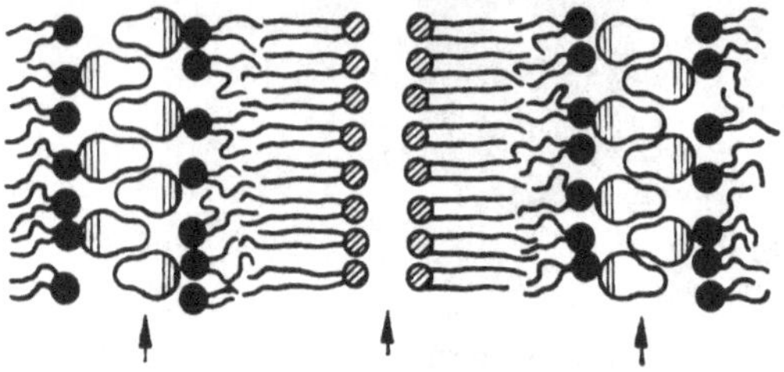

Deutungsangebot von L. MATEU u. Mitarb. [109].
Lipide mit schwarzem, Sulfatide mit schraffiertem Kopf. Proteine als deformierte Kegelgebilde, Symmetrieelemente durch Pfeile markiert.
Phasenaufbau aus zwei Typen einer symmetrischen polaren Schicht und einem Typ eines asymmetrischen Lipid-bilayers.

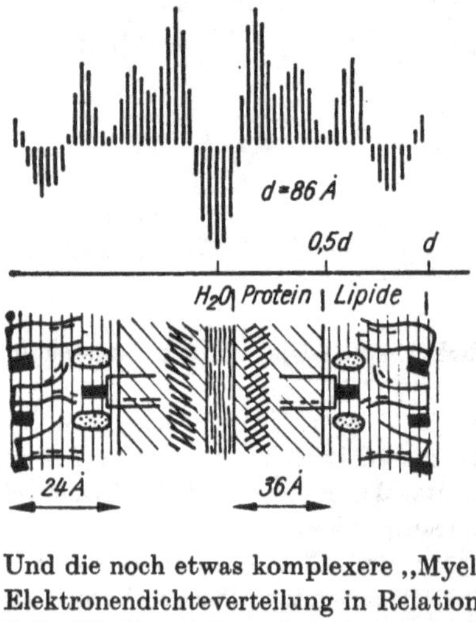

Und die noch etwas komplexere „Myelin-Sicht“ nach W. KREUTZ [4].
Elektronendichteverteilung in Relation zur strukturellen Interpretation.
Jede Myelinmembran besteht nach dieser Hypothese aus einer inneren Protein- und einer äußeren Lipidschicht. Die Kopplung zwischen beiden erfolgt durch PC und die hier besonders reichlich vertretenen Steroide. Zwischen den Protein/Lipid-Schichtungen eines Membranpaares wird ein Wasserzwischenraum angenommen.

Cytochromoxidase-Membran [110, 111].
Hoher Ordnungszustand — ein einfacher bilayer?

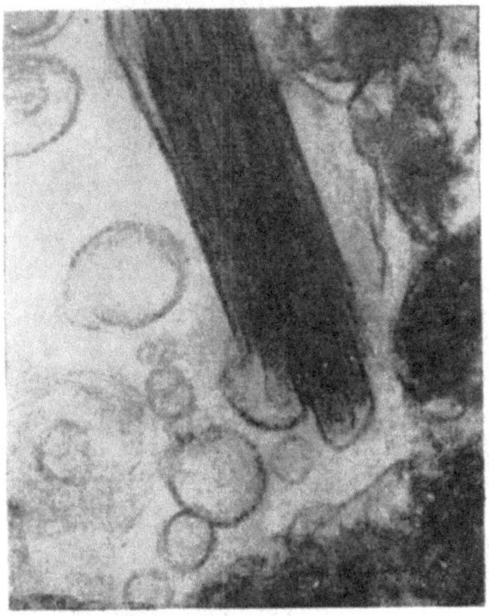

Elektronenmikroskopie der Cytochromoxidase-Membran nach G. VANDERKOOI u. Mitarb. [110, 111].

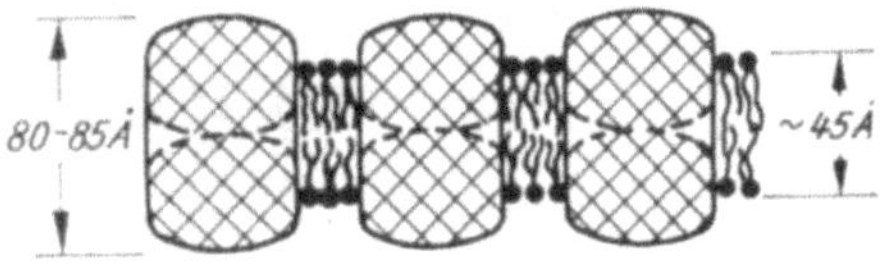

Und die Deutung als einfache bilayer-Anordnung nach den gleichen Autoren.

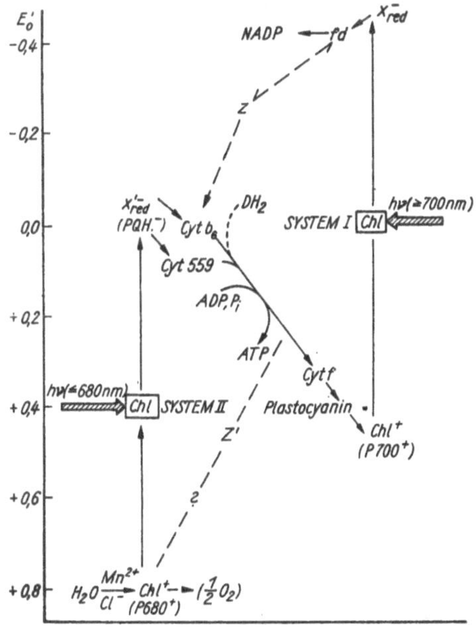

Photosynthesemembran — zur Funktion der Chlorophyllkomponenten [112–119, 200–203]. Die Interdependenz beiden Photosynthese-Systeme nach H. R. MAHLER u. E. H. CORDES [1].

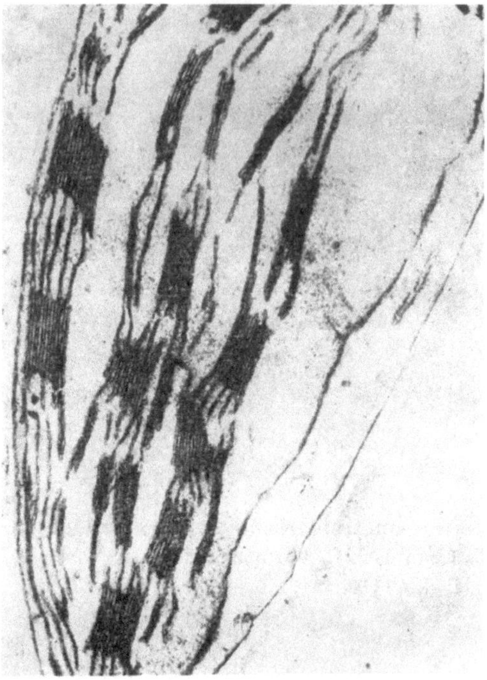

Photosynthesemembran – [1–6, 10–15, 112–119, 200–203].
Eine der Schlüsselstrukturen, der Schlüsselfunktionalitäten irdischen Lebens schlechthin. Keine pflanzliche und erst recht keine (parasitäre) animalische Existenz wäre ohne ihre Operationstechniken denkbar.
Zur Morphologie:
Chloroplast mit Chloroplastenmembran, Stroma und dem Thylakoidsystem mit Grana- und Intergrana-Bereichen nach WEHRMEYER in [3].

Photosynthesemembran – Thylakoidanordnung vergrößert wiedergegeben nach MENKE in [3].

Kennzeichnend für den Stand unseres „Wissens“, die Unsicherheit unserer Basiskonzeptionen, aber auch den Höhenflug unserer Ambitionen mag ein „Modell“beispiel für den Struktur/Funktions-Prozeß einer der kompliziertesten Membranen sein, die ähnlich unseren vorhergehenden Protein- und Nucleinsäure-Kapiteln hier ebenfalls den Anschluß der großen Membran-Funktionsregelhierarchien an das komplexe Informationsprocessing des Zentralnervensystems herstellen soll.

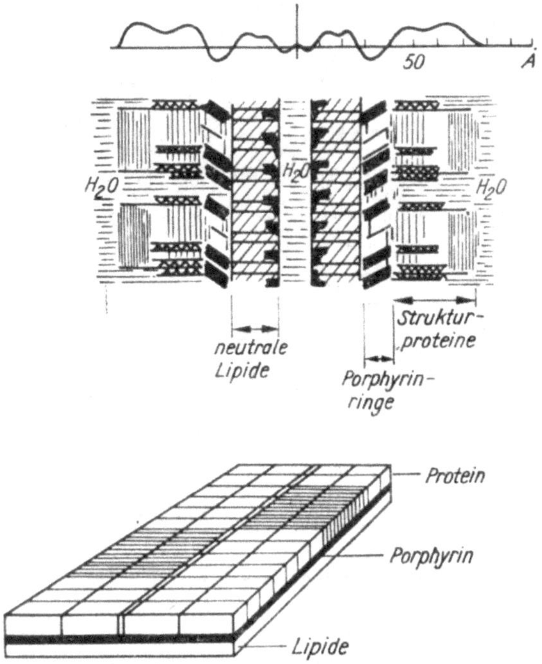

Photosynthesemembran — Strukturinterpretation nach KREUTZ [4].

oben: Elektronendichteverteilung des Querschnitts eines Vesikels (Thylakoids) des Photosynthesemembran höherer Pflanzen und ihre Interpretation.
Neben ihren Funktionen als EDA-Komponenten kommt den Chlorophyllmolekeln in dieser Deutung noch die Funktion einer Kopplungskomponente zwischen Lipid- und Strukturproteinschicht zu.
Mit ihrer hydrophoben Phytolkette im Proteinlayer verankert, vermitteln die aus der Proteinschicht herausragenden Porphyrinringe den Kontakt zur Lipidphase, indem sie partiell in die Bereiche stark ungesättigter Fettsäuren dieser Phase eintauchen.

unten: Überblick über die morphologische Gesamtstruktur der Photosynthesemembran. Im Gegensatz zum Membranpaar oben ist hier nur eine einzelne asymmetrische Membran wiedergegeben.

Photosynthesemembran — Deutung der Struktur/Funktions-Beziehungen der Chlorophyll-Batterien [117—119].

Die Chloroplastenmembran ist aus 200 Å-Einheiten — zu hoch geordneten Bezirken zusammengefaßt — aufgebaut. Diese Quantasome genannten Partikel könnten die morphologischen Photosyntheseeinheiten darstellen. Jedes Quantasom enthält etwa 230 Chlorophyllmoleküle. Einer außerordentlich großen Zahl sogenannter Antennenmoleküle stehen nur wenige als Energiefallen fungierende Einheiten gegenüber. Energieleitungsphänomenen kommt damit innerhalb der Chlorophyll-Batterien eine entscheidende Bedeutung zu.

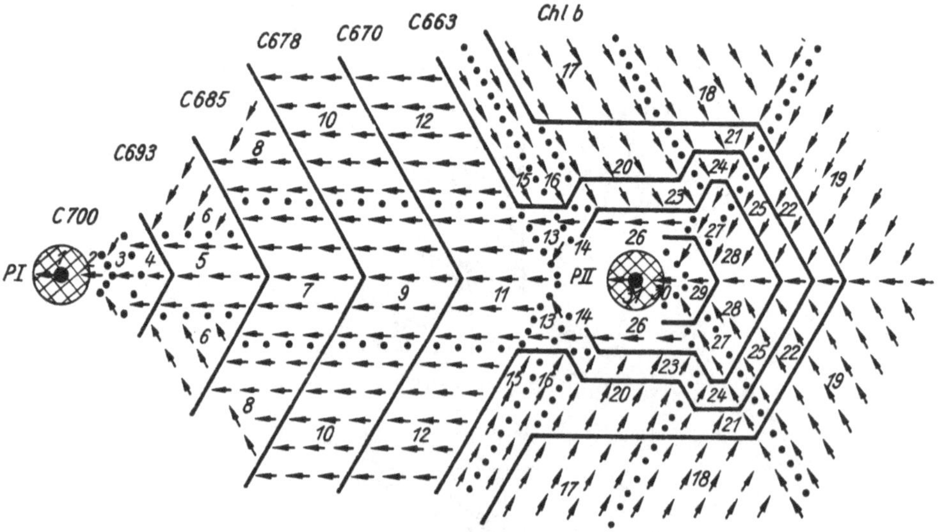

Modell einer Photosyntheseeinheit mit zwei Energiefallen für Photosystem-I (PSI) und -II (PSII) nach G. R. SEELY [117].

Die Pfeile markieren die Richtungen der Übergangsmomentvektoren der Einzelmoleküle. Zahlen bezeichnen bestimmte Gruppierungen. Bereiche unterschiedlicher Chromophor-Spektraltypen sind durch dicke Linien voneinander getrennt, verschiedene Gruppen des gleichen Spektraltyps durch punktierte. Im Gegensatz zur oben wiedergegebenen Deutung wird hier mit einem Batteriesatz von 344 Chlorophyllmolekülen gerechnet.

Die meisten Moleküle können in zwei große Gruppen unterteilt werden, die ihre Energie in jeweils eine der beiden Energiefallen (PSI oder PSII) leiten. Dabei sind die langwellig absorbierenden Chlorophyllformen mit PSI, die kurzwelliger absorbierenden mit PSII verbunden.

Innerhalb des Modells lassen sich eine „Schwanzpartie“ (Gruppe 2—12), ein „Kopfbereich“ (17—30) und eine „Übergangszone“ (13—16) unterscheiden. Die Grenze zwischen 15 und 16 ist nahezu energieundurchlässig, ein Kanal mit 13, 14 und 26 erlaubt jedoch Austauschvorgänge. 2—12 und 15 bilden damit funktionelle Antennenbezirke von PSI, die ihre Energieflüsse nahezu ausschließlich PSI zuleiten. 17—30 bilden einen analogen Antennenbezirk für PSII, nur daß über sie immer noch ein beträchtlicher Teil der Energie über den Kanal zusätzlich nach PSI geleitet wird.

Den Gruppen 13 und 14 kommt eine Schlüsselfunktion in den Beziehungen zwischen PSI und PSII zu. Durch entsprechende Umorientierungen vermögen sie die Energieflüsse zwischen den beiden Photosystemen zu regulieren.

und wie das alles einmal begonnen haben könnte:

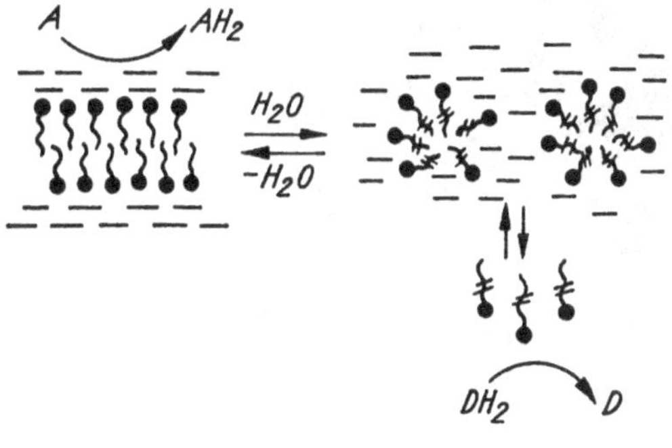

Modellvorschlag von präbiotischen Energieakkumulationen und -konversionen auf der Basis von Lipid-Phasenübergängen nach K. B. SEREBROVSKAYA [46].
Reversible, hydrierungs/dehydrierungsvermittelte Phasenübergänge zwischen micellaren und lamellaren Lipidmustern könnten über die assoziative (allosterische) Phasenmanipulation von Proteinpartnerstrukturen erste Schaltvorgänge biologischer Aktivitätsmuster zwischen Energiespeicherung- und -transfer begründet haben.
Links im Bild lamellare Phase gesättigter Kohlenwasserstoff-Schwanzsysteme, rechts tubuläre Micellbildungen, wie sie bevorzugt von partiell ungesättigten (dehydrierten) Schwanzmustern befolgt werden.

Photosynthesemembran — Energieleitung in den Antennenbezirken nach J. J. KATZ [118].

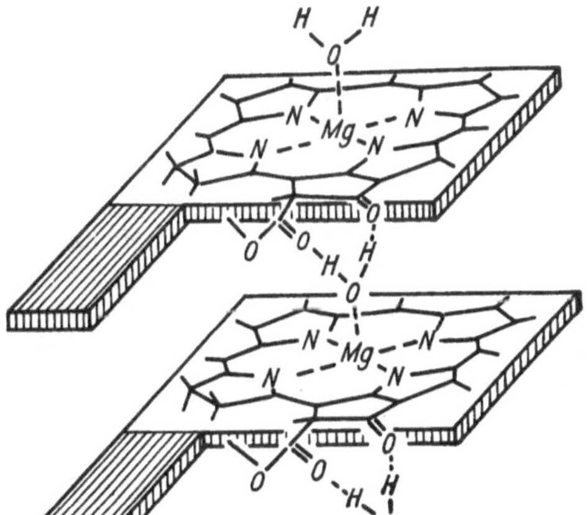

Schemaverdeutlichung des EDA-Mechanismus zwischen zwei Chlorophyllmolekülen, durch ein H_2O-Molekül vermittelt.

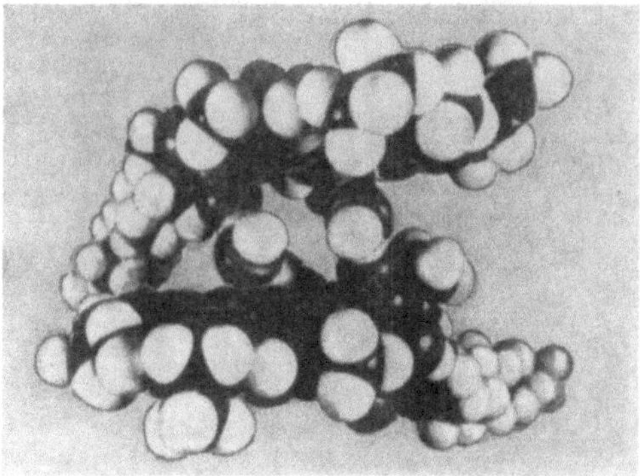

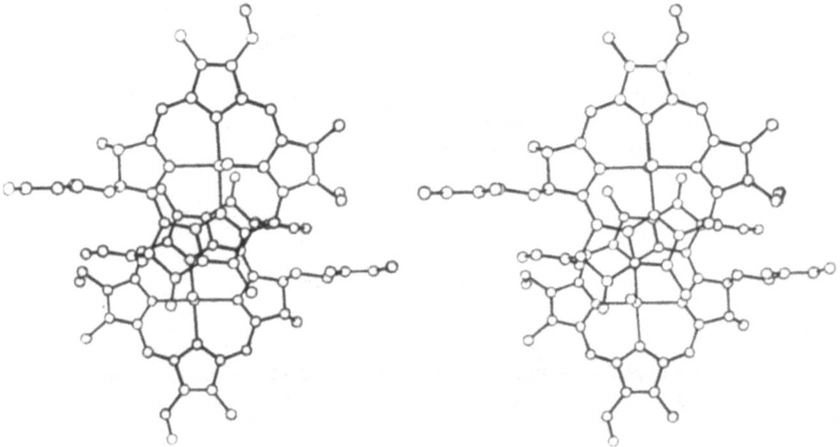

Unter Wahrung des gleichen Mechanismus gelangten M. S. FISCHER u. Mitarb. — aufbauend auf Röntgenstrukturanalysen von Methylphäophorbid als Modellkomponente — zu strukturell nur wenig variierten Bildern [119].

Vorschlag eines Chlorophyll/Wasser-Dimeren als Grundeinheit von Antennen-Chlorophyllstacks nach M. S. FISCHER u. Mitarb. [119]. Das Mg liegt 0,5 Å außerhalb der Ringebene, das Wassermolekül 2,02 Å über dem Mg. H-Brücken binden das H_2O an das nächste Chlorophyll. Die Anordnung entspricht in etwa der nach KATZ, nur ist das eine Chlorophyll um 180° gedreht und gleichzeitig gegen den Partner verschoben, so daß insgesamt bei unterschiedlichen Chlorophyllanordnungen wieder gleiche H-Brückenbeziehungen resultieren.

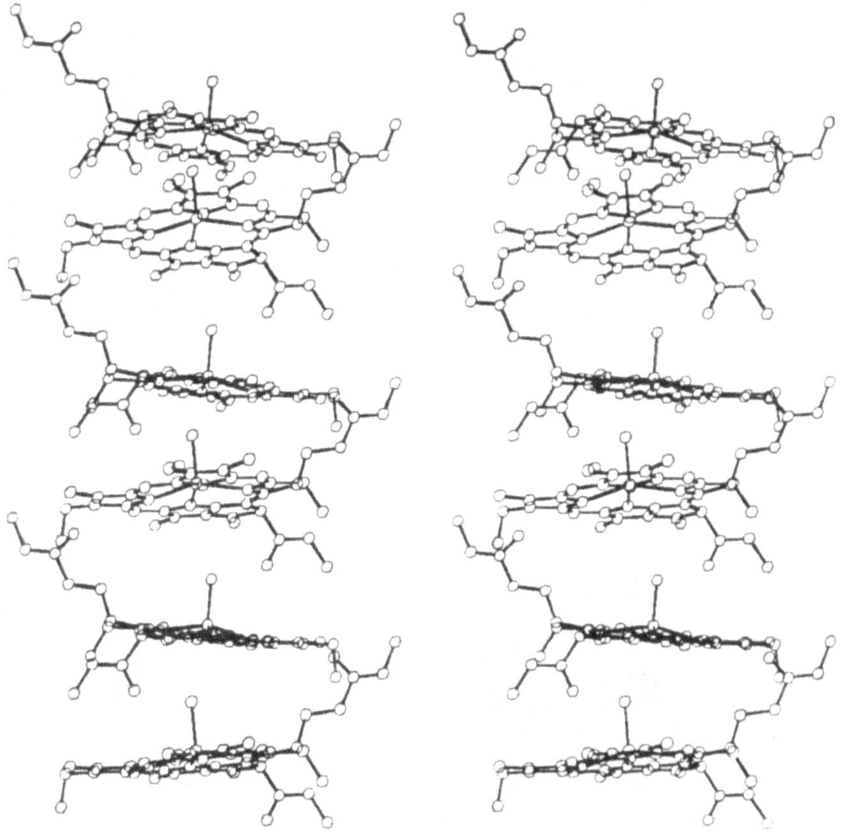

Photosynthesemembran — Modellvorschlag von M. S. FISCHER u. Mitarb. [119] für das Anordnungsmuster eines Antennen-Chlorophyll-stacks.
In dem wiedergegebenen „Chlorophyll-Wasser-Polymeren" ist nur jeweils das erste C-Atom der alternierend aus dem stack herausorientierten, als Kontaktfühler in die umgebenden Lipid- und Proteinphasen gestreckten Phytylreste dargestellt.
Die Chlorophyllmoleküle sind in Sterik- und H-Brücken-erzwungenen spezifischen Mustern gegen die „Polymerachse" getiltet und — entsprechend dem Dimeren — auch hier unter sich antiparallel orientiert. Der Ringabstand der einzelnen Moleküle beträgt etwa 5,49 Å.
Nicht eingezeichnet sind hier die Wassermoleküle, die — als fünfter Ligand an das zentrale Mg koordiniert — mit H-Brücken den Kontakt zum Carbonyl von Ring V sowie zum O2-Estercarbonyl des benachbarten Chlorophylls vermitteln.
Bedingt durch die spezifische Orientierung der Chlorinsysteme innerhalb des obigen stacks kann jedes Molekül ein Photon absorbieren und die Energie über die H-Brükken des verbindenden und vermittelnden H_2O-Moleküls an Nachbarmoleküle weiterleiten. Hier gewinnt sie über das O1-Carbonyl Anschluß an das Gesamtresonanzsystem des Rings. Auf diese Weise sind durchgehende Energieleitungsmechanismen vorstellbar, die Energieströme durch lange Antennenstacks führen, bis sie in die Energiefallen spezifischer Chlorophyll/Protein-Komplexe einströmen.

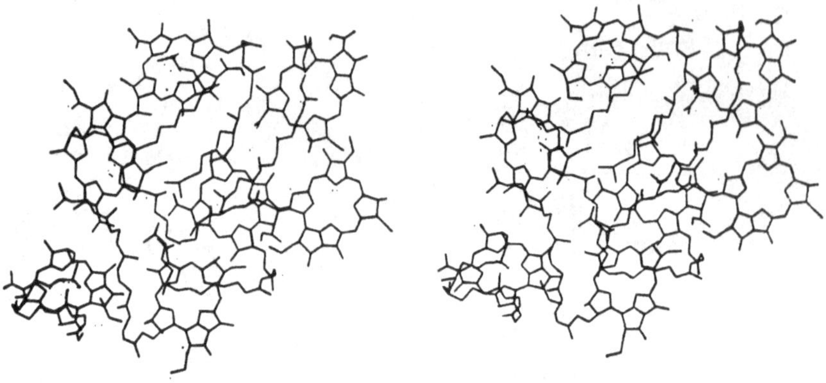

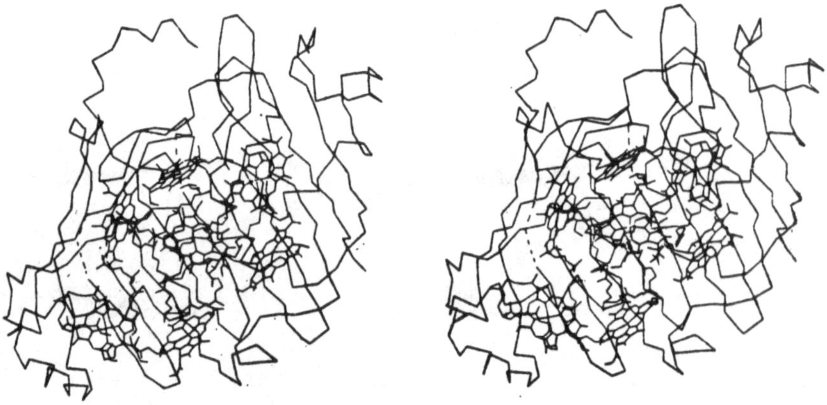

Abweichend davon arrangieren sich allerdings die Chlorophyllmuster primitiver Chlorophyllproteine. Hier nach R. E. Fenna u. B. W. Matthews, Nature **258**, 573 (1975), für ein Bakterienchlorophyll-Protein von Chlorobium limicola wiedergegeben.

1.4. Nervenerregung — Modellversuch einer Membranfunktionsinterpretation

Das relativ bekannte Phänomen der Erregungsfortpflanzung längs der Nervenmembran besteht in einer durch einen plötzlich auftretenden Potentialsprung ausgelösten Permeabilitätsveränderung für Na^+- und nachfolgend K^+-Ionen über die Nervenmembran. Entsprechend den Konzentrationsunterschieden und den überlagerten elektrischen Feldern wird ein Na^+-Influx von einem K^+-Efflux gefolgt. Dabei ändern die Fluxe ihrerseits die Feldmuster in den benachbarten, noch nicht erregten Bereichen der Nervenfaser. Es kommt zur Reizfortleitung. Die Faser bleibt nach der Erregung für eine gewisse Zeit gegenüber weiteren Erregungsstimulatien unempfindlich. In diesem Zeitabschnitt gehen die Permeabilitätsparameter für die Alkaliionen wieder auf ihre Ausgangswerte zurück, die ursprüngliche Ionenverteilung wird in aktiven Ionentransportschritten wieder hergestellt [120—168, 204—218].

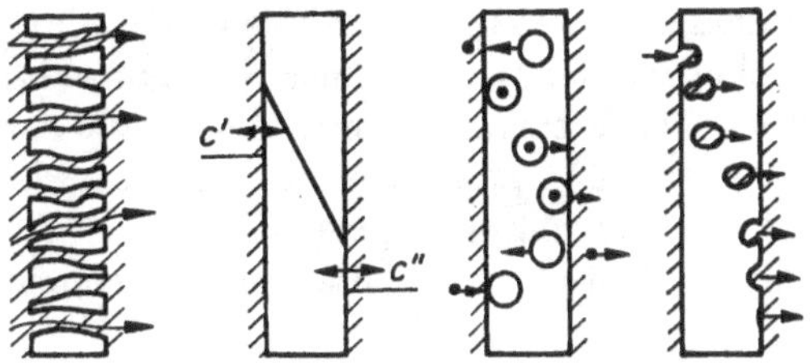

Schemaübersicht von Leitungsmechanismen in Membranen nach U. F. Franck [150] – ein Kapitel „Bio-ionik"
Von links nach rechts: Porenmembran, Löslichkeitsmembran, Carriermembran, Pinocytose-Membran (Transport durch bewegliche Einschlüsse).

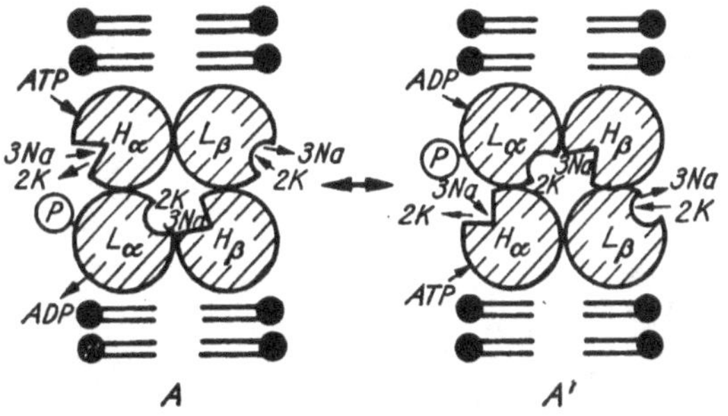

Und die Schwierigkeiten der Deutung auch nur eines Teilaspekts:
Modell des aktiven Na/K-Transports mittels eines Tetrameren-Enzyms nach W. D. Stein u. Mitarb. [137].
Aktiver Na^+/K^+-Transport durch ein β_2-Tetrameren-Enzymkomplex.
H: subunit mit großer Affinität für Na^+ und geringer für K^+.
L: umgekehrtes Affinitätsverhältnis.
Jede Bindungs-site kann entweder H oder L sein.
Der aktive Transport entsteht durch sequentielles Konformationsschaukeln zwischen den isoenergetischen Konformationen A und A'.

In ihrer Deutung dieser Phänomene gehen Neumann u. Mitarb. [216] von der Modellannahme eines mittels Proteinkooperationseinheiten gepflasterten gateway aus. Die Proteinmuster sind nach ihrer Hypothese aus Basiserregungseinheiten, sogenannten BEUs, aufgebaut. Jede dieser BEUs ist ein Kooperativkomplex aus einem Acetylcholinspeicher- (S), Acetylcholinreceptor- (R) und Acetylcholinesterase-Protein (E). Der gateway, ist als Operationsmuster aufzufassen, das einen dynamischen, komplexen Membranstatus beschreibt. Seine Innenregion wird mit negativen Ladungsmustern und daran fixierten mono- und divalenten Kationengegenwolken angenommen. Aktionspotentiale basieren nun auf Kooperativitätsmustern zwischen den SRE-units einer BEU-Einheit, d. h., um ein Aktionspotential zu initiieren, müßte eine bestimmte Kooperativzahl von AcCh-Rezeptoren in einem bestimmten Zeitintervall aktiviert werden, um innerhalb dieser Latenzperiode einer bestimmten – wiederum einen gewissen Schwellenwert überschreitenden — Anzahl von BEUs den Beginn eines AcCh-processing zu erlauben. Der gewöhnliche steady state einer Nervenmembran ist durch Membranpotentiale von —60 bis —70 mV charakterisiert. Mit ca. 100 Å Schichtdicke entspricht das einer Feldintensität von 60—70 kV/cm über der Membran. Um einen Nervenimpuls zu triggern, muß nun ein Schwellimpuls wirken, der das Membranpotential innerhalb eines bestimmten Zeitintervalls unter einen bestimmten Schwell-

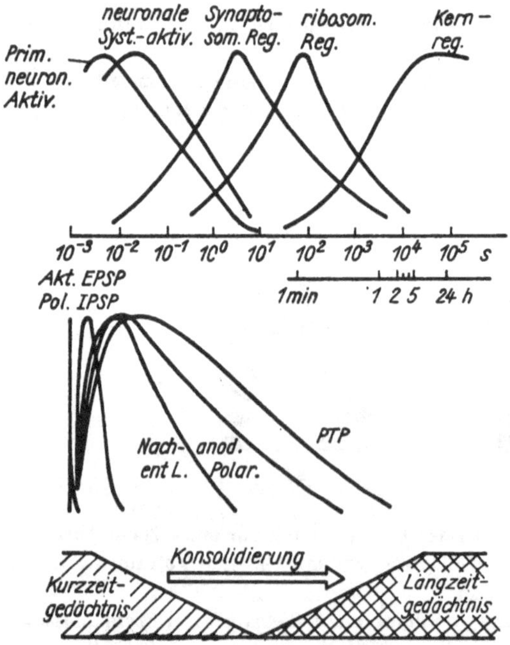

Hypothetische, schematisierte Zeitskala der in die Gedächtnisbildung verwickelten biochemischen (oben) und elektrophysiologischen (unten) Prozesse nach H. Drischel [129];

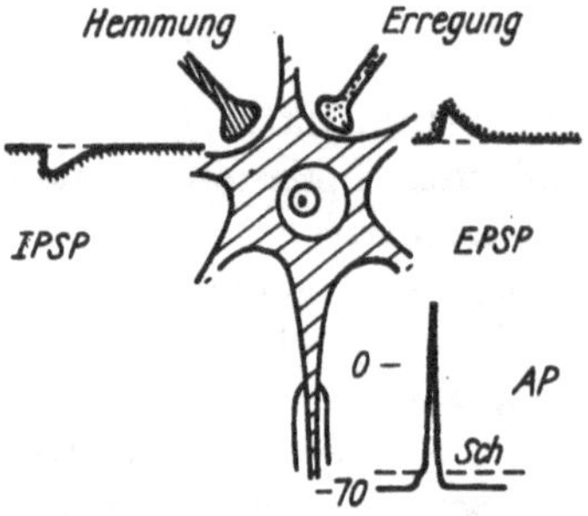

und Schema der IPSP- und EPSP-Potentiale nach H. Haas u. L. Hösli [147]. Hemmende Synapsen ( ) führen zur Ausbildung eines inhibitorischen, postsynaptischen Potentials (IPSP); erregende Synapsen ( ) lassen ein excitatorisches postsynaptisches Potential (EPSP) entstehen.

wert drücken kann. Wie schon für das Kurzzeitgedächtnismodell von NEUMANN und KATCHALSKY bei den Nucleinsäurestrukturen demonstriert, sind nun elektrische Impulse von ca. 20 kV/cm entsprechend einer Feldstärke von 20 mV/100 Å fähig, in makromolekularen Organisationsformen mit relativ hoher Oberflächenladungsdichte Konformationsänderungen zu induzieren. Das elektrische Feld entfernt — ähnlich wie im Falle der stabförmigen polyelektrolytischen Systeme der Nucleinsäuren — hier in den Flächenmustern der Membranen einen Teil der Gegenionenatmosphäre, wodurch unter Erhöhung der elektrostatischen Abstoßung zwischen gleichsinnig geladenen Gruppen eine gewisse Trennung der Ionenmuster mit dadurch herbeigeführten Permeabilitätssteigung über der Membran hervorgerufen wird.

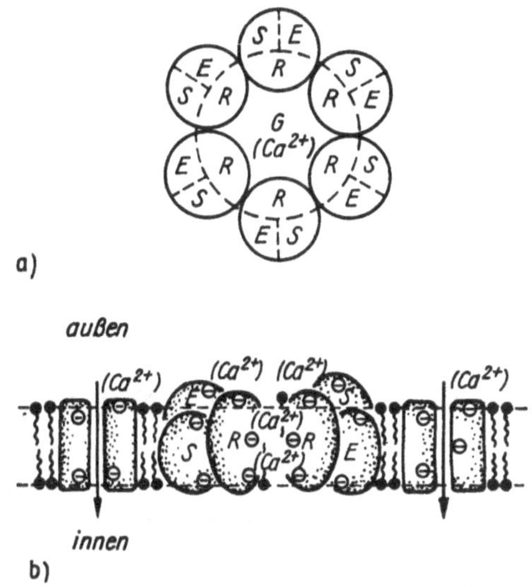

Interpretation der Nervenerregung nach E. NEUMANN u. Mitarb. [166, 216].
Modell der Basis-Erregungseinheit (BEU) (basic excitation unit), S = Speicherprotein, R = Rezeptorprotein, E = Acetylcholinesterase.

a) Die Basiseinheit besteht aus dem „gateway", der von Basisproteinensembles (SRE-Einheiten) umgeben ist. Die BEUs sollen nach dem Modell über die gesamte Erregungsmembran verteilt sein.
b) Seitenansicht durch eine BEU — flankiert von zwei Einheiten, die Ionenpassagen für K^+ modellieren. Die Pfeile stellen den lokalen elektrischen Feldvektor dar, der sich auf Grund einer partiellen Permselektivität für K-Ionen im stationären „Ruhezustand" ergibt, nach E. NEUMANN [216].

Das innere Membranpotential wäre nun sowohl durch einen Feldpuls als auch durch einen Ionenpuls zu beeinflussen. Ein solcher Ionenpuls könnte dadurch zustandekommen, daß die externe K^+-Ionenkonzentration innerhalb eines bestimmten Zeitintervalls genügend verstärkt werden kann. Im Sinne dieser Ausgangshypothese wird nun für das AcCh-Speicher-Protein eine Membranfeld-abhängige Konformationseinstellung und damit AcCh-Bindungsneigung angenommen. Die bindende Konformation ist bei hohem Membranfeld begünstigt, und auch langsame Feld-Reduktionen unterhalb des kritischen Schwellenwertes führen allein zu eher zufälligen Entlassungen von AcCh. Ist nun aber der Stimulus genügend groß — etwa von der oben veranschlagten Intensität — kommt es im Schlüsselprozeß zu drastischen Konformationsänderungen einer Kooperativzahl von S-subunits, die nun mit der Abgabe einer „Kooperativzahl“ von AcChs an die R-subunits das kooperative AcCh-processing einleiten. Der Receptor bindet im AcCh-freien Zustand — möglicherweise in ausgedehnten Polyelektrolyttaschen — Ca^{++}-Ionen, die im Konformationswechsel gegen AcCh-Moleküle — wahrscheinlich allosterisch — ausgetauscht werden. Die entfernten Ca^{++}-Ionen könnten z. T.

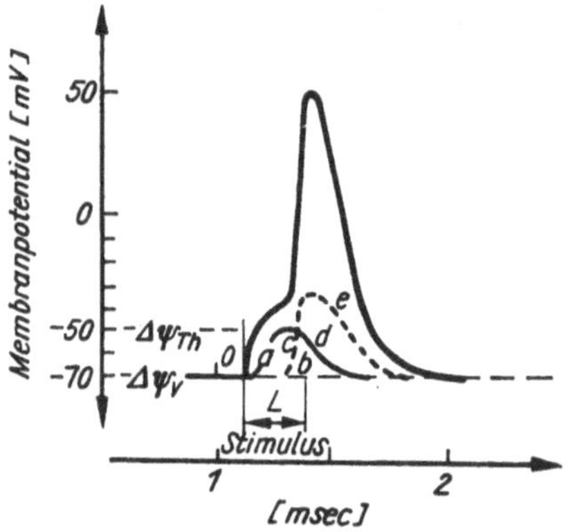

Schematischer Verlauf eines Aktionspotentials nach E. NEUMANN u. Mitarb. [166, 216].

$\Delta\psi_r$	= Ruhepotential;
$\Delta\psi_{Th}$	= Schwellpotential;
o	= Potentialveränderung durch Überlagerung des Schwellstimulans-Potentials;
a und d	= Zeitverlauf der Acetylcholin-Abgabe bzw. -Hydrolyse;
b und c	= Zeitverlauf der Ca^{2+}-Abgabe vom Receptor und der gateway-Öffnung;
e	= Zeitverlauf der Ca^{2+}-Wiederaufnahme und der Konformationsrelaxationsprozesse, die zum Schließen des gateway führen;
L	= Latenzperiode.

durch andere — beispielsweise Na^+-Ionen — ersetzt werden. Es kommt zum Na^+-Influx. Derartige Ionenaustauschvorgänge könnten auch von sich aus lokale Konformationsänderungen der gateway-Komponenten verursachen, die zu lokalen Permeabilitätsänderungen führen, die dann ihrerseits für gewisse unterschwellige „Antworten“ verantwortlich wären. Die Aktivierung der Kooperationszahl der R-gateway-subunits jedoch führt zu drastischen kooperativen Konformationsumwandlungen im gesamten gateway-Bereich. Die drastische Permeabilitätssteigerung ermöglicht einer großen Zahl von Ionen, aber auch Nichtelektrolyten die gateway-Passage. Es kommt zum K^+-Efflux. Schätzungsweise führt das Kooperativ-processing eines einzigen AcCh-Moleküls zur Membranpassage von ca. 20000—40000 Ionen. Im abschließenden Schritt wird schließlich AcCh zur AcCh-Esterase überführt. Der Ester wird hydrolysiert, die R-subunits nehmen wieder Ca^{++}-Ionen auf und unter Schließung des gateway wird der ursprüngliche steady state durch weitere Membranprozesse wieder rekonstruiert.

Die Aktion der Nervenpotentiale führt damit zu Ionenflüssen über die Nervenmembran, wobei unter schneller Zunahme der Na^+-Permeabilität („Na^+-Aktivierung“) zunächst ein Na^+-Influx in das Axon eintritt, gefolgt von einer schnellen Abnahme der Na^+-Permeabilität („Na^+-Inaktivierung“) und einem durch Konzentrationsgradienten und metabolische Energiebereitstellung geförderten K^+-Efflux. Die Abgabe von AcCh – ihrerseits durch elektrische Felder induziert — ist damit das Signal, das von mit Konformationsänderungen einhergehenden Membranprozesses induziert wird.

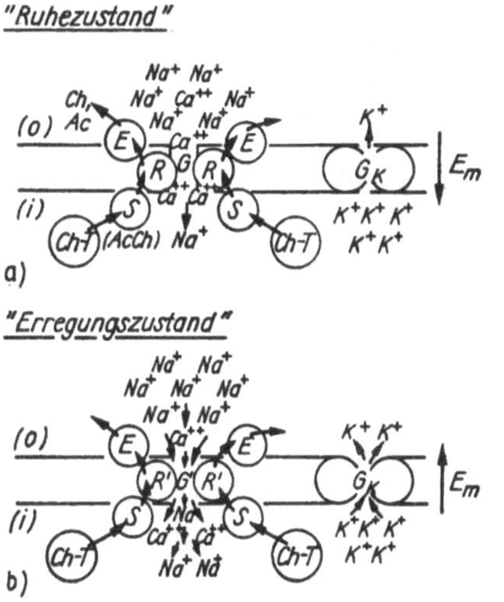

Schematische Darstellung eines Membranabschnittes nach E. Neumann [216]
a) im stationären Ruhezustand und
b) in einer Übergangsphase der Erregung.
a) Die Mehrheit der Acetylcholinreceptoren ist in der Ca-bindenden R-Konformation. Der „cholinkontrollierte“ schnelle „gateway“ ist im Verschlußzustand G. Die Permeabilität für K- und Ca-Ionen ist klein gegenüber der Permeabilität für K-Ionen durch den langsamen „gateway“ G_k. Der elektrische Feldvektor E_m zeigt von der Außen- zur Innenseite. Er wird hauptsächlich durch den K-Gradienten eingestellt.
b) Die meisten Rezeptoren sind in der Acetylcholinfixierenden R′-Konformation; der „schnelle gateway“ ist in der offenen G′-Konformation (Na-Aktivierungsphase). Der Wechsel des elektrischen Feldes, der den flüchtigen Na- und Ca-influx begleitet, verursacht eine vorübergehende Steigerung der Permeabilität von G_k und induziert damit einen verzögerten kurzfristigen Efflux von K-Ionen. AcCh-Hydrolyse führt zur Relaxation von R′ und G′ nach R und G, womit der stationäre Ruhezustand wieder eingestellt wird.

Ähnliche Vorstellungen lassen sich für die synaptische Transmission entwickeln. Chemische Modifikationen, Teilnahme von Nerveneffektoren und anderen Prozessen innerhalb der Synapse sollten hier erregende und hemmende Muster entstehen lassen. Im einfachsten Fall würden praesynaptisch entlassene K^+-Ionen Bereiche der postsynaptischen Membran depolarisieren. Damit könnte hier auf Grund dieses Ionenpulses ein AcCh-processing zwischen ähnlichen BEUs eingeleitet werden. Zunächst rein lokale Permeabilitätsänderungen wären in der Lage, unter Beteiligung und Erfassung der Kooperativzahl von BEUs zur Ausbildung von synaptischen und dentritischen Potentialen zu führen, womit der Basismechanismus der Nervenerregung innerhalb der Membran der Synapse gleich oder zumindest ähnlich dem in der Membran des Axons wäre. Nach dieser Hypothese sollte die synaptische Transmission weniger eine Angelegenheit eines AcCh- denn eines K^+-Effluxes sein. Vermutlich werden je Nervenimpuls 10^3 AcCh-Moleküle innerhalb der praesynaptischen Membran aktiviert.

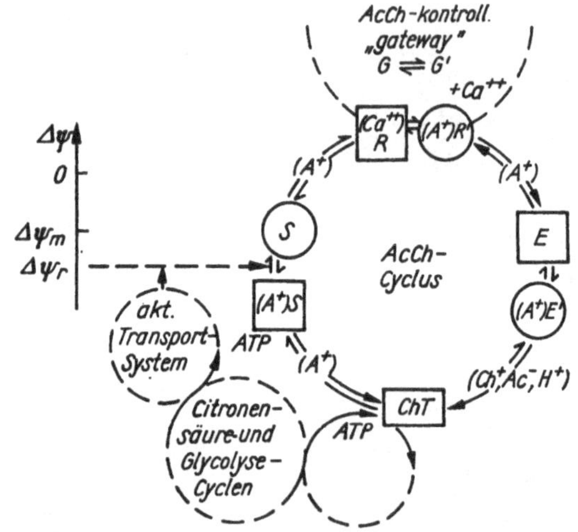

Hypothetischer AcCh-Cyclus für die cyclische chemische Kontrolle stationärer Membranpotentiale $\Delta\psi$ und schneller Potentialwechsel nach E. NEUMANN [216]. — Schattenhafte Wahrnehmungen und Ahnungen von der Komplexität der Bioregulationen.

Jedes AcCh-Molekül könnte dann seinerseits 20000—40000 K^+-Ionen zur Wanderung über die Kluft freisetzen. Ihre Bewegung gegen den postjunctionalen Teil der synaptischen Kluft wäre Konzentrationsgradienten und Feldgradienten der Übergangspotentiale über der Kluft unterworfen [156—166, 215—218].
Die verschiedenen Ausdrücke der Nervenaktivität würden damit weniger verschiedene Mechanismen beinhalten, sondern Resultate von geeigneten Amplifikations- und Akkumulationsformen gleicher molekularer und biopolyelektrolytischer Voraussetzungen sein.

1.5. Membranen — Informationsspeicherung und Erzeugung chemischer Oszillationen

Die Beeinflußbarkeit biopolyelektrolytischer Systeme durch elektrische Feldmuster im Axon, in seiner unmittelbaren Nähe und über dem synaptischen Zwischenraum lenkt nochmals zurück zu einigen allgemeinen Gesichtspunkten, zur Membranfunktion innerhalb der Netzwerktheorie von KATCHALSKY u. Mitarb. [158—168, 208—218].

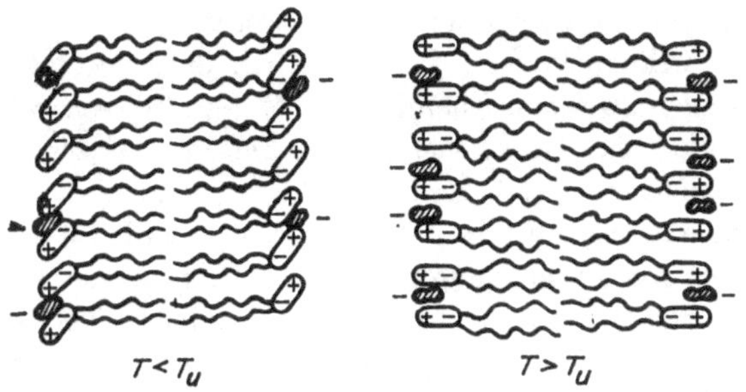

Lipidstrukturen als Informationsspeicher — Hysteresen in Modellmembranen nach H. Träuble [143, 210, 211].
Chromophor-marker in Modell-Lipid-Doppelschichten als Fluoreszenzindikatoren für den Ordnungsgrad der Phasen.
links: Situation unterhalb der Phasenumwandlungstemperatur;
rechts: oberhalb; die Umwandlung führt zu einer Auflockerung der polaren Gruppen und zu größerer Beweglichkeit der CH_2-Ketten. Die größeren Freizonen bieten Platz für weitere Indikatormoleküle.

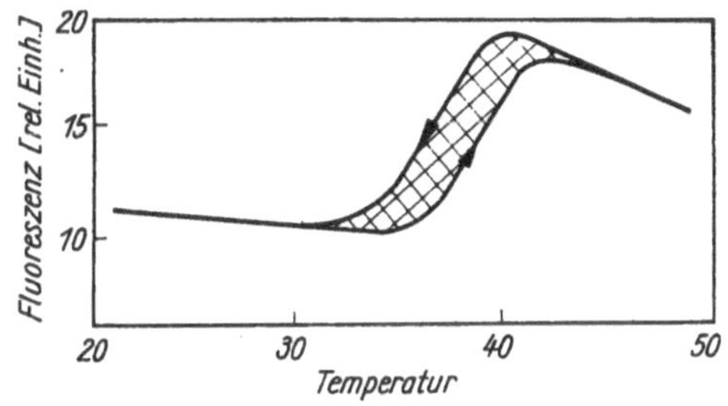

Die Phasenumwandlungen können über Hysteresen verlaufen.
Beispiel einer Phasenumwandlung mit Hysterese am Beispiel des Systems Dipalmitoylphosphatidylcholin/Wasser, in Anwesenheit von 10^{-4} m Acetylcholin.
Das Ausmaß derartiger Hysteresen hängt von verschiedenen Parametern, wie von der Reinheit der verwendeten Substanzen, der Anwesenheit von Fremdkomponenten in den Lipidstrukturen und von der ionischen und molekularen Fremdausstattung der Wasserphase ab. Derartige Hysteresen werden oft durch die Anwesenheit zwei- und dreiwertiger Ionen, aber auch durch Acetylcholin hervorgerufen. Einbau von Fettsäuren in die Lipidphase fördert im allgemeinen die hysteretische Umwandlung, Cholesterin zeigt eher gegenläufige Effekte. Schemata und Aussagen nach H. Träuble [143].

Die impulsinduzierten Durchlässigkeitsänderungen von Membranen in Zusammenhang mit der Freisetzung spezifischer Neurotransmitter sind nicht nur im Sinne der Ansätze von Ungar aber auch von Neumann und Katchalsky bahnbrechende Elementarprozesse im Vorgang der synaptischen Bahnung in der dynamischen funktionellen Entwicklung des Zentralnervensystems. Sie führen auch den Blick wieder zurück zu der Tatsache, daß elektrische Aktivitäten keine Membranphänomene schlechthin darstellen, sondern eng mit den metabolischen Aktivitäten der Nervenzellen, ja ihnen übergeordneter Hierarchien gekoppelt sind, daß eigentlich jeder lebende Organismus durch hochgradige Kopplungen zwischen Energie- und Materialflüssen gekennzeichnet ist. Kopplungen von Energie- und Reaktionsflüssen, oder mit anderen Worten und nur leicht eingeengter Bedeutung: von Reaktionsflüssen und Diffusionsprozessen können Ausgangspunkte molekularer hysteretisch bedingter Periodizitäten sein. Voraussetzungen für das Auftreten von Periodizitäten oder Oszillationen ist eine auf Metastabilitäten beruhende Hysterese — entweder im Reaktions- oder im Diffusionsfluß. Im einfachsten Fall sind die schon öfter erwähnten hysteretischen Permeabilitätsänderungen von Membranen einfachste denkbare Mechanismen, auf molekularer Ebene Stationarität in Periodizität umzuwandeln.

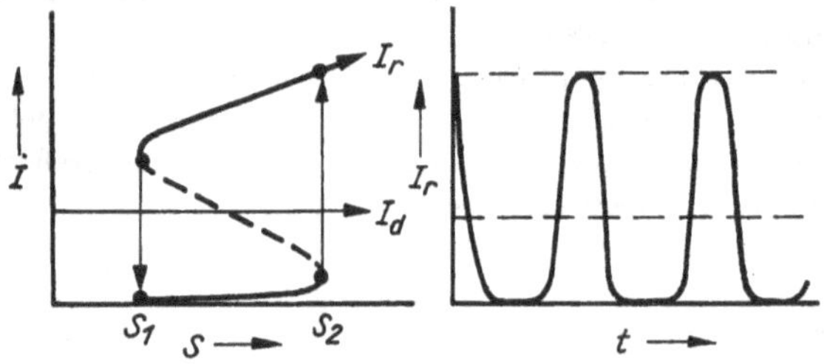

Hysteresen als Basis chemischer Oszillationen nach E. Neumann [163, 216—218]. Kopplungsschema zur Umwandlung von Stationarität in Periodizität durch hysteretische Chemodiffusion.
S = Substratkonzentrationen;
J_d = Diffusionsfluß;
J_r = Reaktionsfluß.
Beispiel könnte ein Enzym sein, welches bei einer Substratkonzentration S_2 aktiviert, bei S_1 dagegen inaktiviert wird; aber auch eine Membran die analoge Permeabilitätsänderungen aufweist.
In beiden Fällen werden über die hysteretischen Konversionen stationäre in periodische Flüsse umgewandelt.
Hysterese erscheint damit als einfachster, energiegünstiger Mechanismus zur Umwandlung von Stationarität in Periodizität, von Statik in Dynamik auf molekularer Ebene.

Versuche zur Beschreibung zentraler biologischer Vorgänge wie Regulation und Kontrolle von Enzymkatalysen, Membrantransporte, Informationsspeicherung, -verarbeitung und -vermittlung, ja aller denkbaren Formen höherer Selbstorganisationen münden deshalb ein in den allgemeinen Ansatz, derartige dynamische Operationsweisen nicht durch steady-state-Betrachtungen sondern durch dynamische Oszillationsvorgänge einander bedingender und überlagernder Biorhythmen um optimale Mittelwertpegel näherzukommen.
Um abschließend Neumann und Katchalsky nochmals direkt das Wort zu geben: „könnten Nichtgleichgewichtsnäherungen, die metastabile Zustände und molekulare Hysteresen einbeziehen, zu einem besseren Verständnis der komplexen Dynamik fundamentaler Lebenserscheinungen beitragen“ [163].

Die Kooperativitätssteuerung des Dynamikverhaltens ungezählter einander ähnelnder und ergänzender Individuen führte für den Lipidflor der Membranen – aber auch für seine artifiziellen lyo- und thermotropen Simulationen – zur vermeintlichen logischen Kontradiktion von aufrechterhaltener Fernordnung bei „offensichtlicher" Nahunordnung.

Doch erst die sinnvolle Kooperation innerhalb kleiner und kleinster Domänenbereiche, die es gestattete, eine kooperative Nah(un)ordnungs„dynamik" in eine eher „statische" Beharrung der übergreifenden großen Verbandsmuster zu extrapolieren, ließ Biomesogene zwischen den Dialektiken von Flexibilität und Starre in die gerichtete Dynamik dissipativer Strukturierungen heutiger Lebensformen evolvieren.

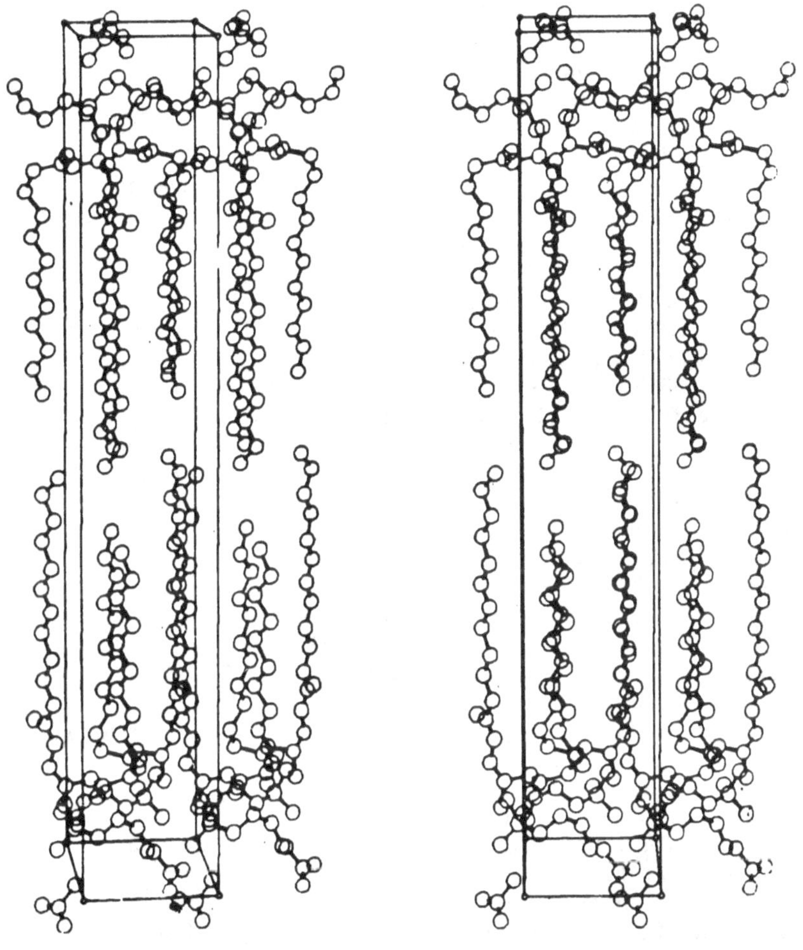

Stereoansicht der 1,2-Dilauroyl-(±)-phosphatidyl-äthanolamin-essigsäure nach ersten Röntgenstrukturuntersuchungen von P. B. Hitchcock u. Mitarb. [173].

1.6. Literatur*)

[1] MAHLER, H. R., u. E. H. CORDES, Biological Chemistry, Harper & Row, New York 1971
[2] WOLD, F., Macromolecules Structure and Function, Prentice Hall, Englewood Cliffs, New Jersey 1971
[3] BIELKA, H., (ed.), Molekulare Biologie der Zelle, Fischer-Verlag, Jena 1973
[4] KREUTZ, W., Angew. Chem. **84**, 597 (1972)
[5] DÖRFLER, H. D., Biol. Rdsch. **11**, 1 (1973)
[6] LEE, A. G., N. J. M. BIRDSALL, u. J. C. METCALFE, Chem. in Brit. **9**, 116 (1973)
[7] HAYDON, D. A., u. S. B. HLADKY, Quant. Rev. Biophys. **5**, 187 (1972)
[8] GROSS, W., Angew. Chem. **83**, 419 (1971)
[9] KUHN, H., Pure Appl. Chem. **27**, 421 (1971)
[10] VANDERKOOI, G., u. D. E. GREEN, Proc. Nat. Acad. Sci. US **66**, 615 (1970)
[11] VANDERKOOI, G., Ann. N. Y. Acad. Sci. **195**, 6 (1972)
[12] GREEN, D. E., u. F. R. BRUCKER, BioScience **1972**, 13
[13] GREEN, D. E., Ann. N. Y. Acad. Sci. **195**, 50 (1972)
[14] RAZIN, S., Biochim. Biophys. Acta **265**, 241 (1972)
[15] ROUSER, G., A. YAMAMOTO u. G. KRITCHEVSKY, Arch. Int. Med. **127**, 1105 (1971)
[16] MEAD, J. F., D. R. HOWTON, u. J. C. NEVENZEL in Comprehensive Biochemistry (M. FLORKIN u. E. H. STOTZ, eds.), Vol. 6 Elsevier, Amsterdam 1965, S. 1
[17] LOVERN, J. A., ebenda S. 52
[18] HANAHAN, D. J., u. H. BROCKERHOFF, ebenda S. 83
[19] MCMURRAY, W. C., u. W. L. MAGEE, Annu. Rev. Biochem. **41**, 129 (1972)
[20] BANGHAM, A. D., Annu. Rev. Biochem. **41**, 753 (1972)
[21] MALHOTRA, S. K., Annu. Rev. Biochem. **41**, 67 (1972)
[22] OXENDER, D. L., Annu. Rev. Biochem. **41**, 777 (1972)
[23] CHANGEUX, J. P., in Symmetry and Function of Biological Systems at the Macromolecular Level. Proc. 11th Nobel Symp. (A. ENGSTRÖM u. B. STRANDBERG, eds.), Interscience. Wiley, New York 1969, S. 235
[24] KILKSON, R., ebenda 257
[25] WYMAN, J., ebenda 267
[26] KATCHALSKY, E., ebenda 283
[27] LÄUGER, P., Angew. Chem. **81**, 56 (1969)
[28] SCHLÖGL, R., Umschau Wiss. Techn. **71**, 470 (1971)
[29] SLEGERS, J. F. G., in Pharmacology and the Skin, Vol. XII, 19 (1972)
[30] TANNER, W., Biol. i. u. Z. **3**, 131 (1973)
[31] HILLE, B., in Progr. Biophys. Mol. Biol. (J. A. V. BUTLER u. D. NOBLES, eds.), Vol. 21, S. 1 Pergamon Press, Oxford, New York 1970
[32] BRAUN, V., Naturwiss. Rdsch. **26**, 330 (1973)
[33] DÖRFLER, H.-D., Wiss. Z. Univ. Halle **21**, 69 (1972)
[34] SACKMANN, H., u. D. DEMUS, in Liquid Crystals (G. H. BROWN, G. J. DIENES u. M. M. LABES, eds.), Gordon & Breach, New York **1967**
[35] WINSOR, P. A., Chem. Rev. **68**, 1 (1968)
[36] SACKMANN, H., u. D. DEMUS, Fortschr. Chem. Forschg. **12**, 349 (1969)
[37] SCHUBERT, H., Wiss. Z. Univ. Halle **19**, 1 (1970)
[38] ECKERT, TH., u. W. R. CRAMER, Pharm. i. u. Z. **4**, 117 (1972)
[39] BROWN, G. H., American Scientist **60**, 64 (1972)
[40] ELLIOTT, G., Chem. in Brit. **9**, 213 (1973)
[41] DEMUS, D., Wiss. Fortschr. **23**, 195 (1973)
[42] STEINSTRÄSSER, R., u. L. POHL, Angew. Chem. **85**, 706 (1973)

*) Literatur berücksichtigt bis Anfang 1975

[43] AMBROSE, E. J., Symp. Farad. Soc. **1971**, 175
[44] HOSEMANN, R., Chem.-Ing. Techn. **42**, 1325 (1970)
[45] HOSEMANN, R., Endeavour **32**, 99 (1973)
[46] SEREBROVSKAYA, K. B., in Chemical Evolution and the Origin of Life (R. BUVET u. C. PONNAMPERUMA, eds.) North Holland Publ., Amsterdam 1971
[47] BRODA, E., in Progr. Biophys. Mol. Biol. (J. A. V. BUTLER u. D. NOBLE, eds.), Pergamon Press, Oxford, New York 1970, S. 145
[48] LARSSON, K., Chemica Script. **1**, 21 (1971)
[49] POHL, P., u. H. WAGNER, Fette-Seifen-Anstrichst. **74**, 424 (1972)
[50] LIMACHER, H., u. J. SEELIG, Angew. Chem. **84**, 950 (1972)
[51] VAN DEENEN, L. L. M., Naturwissenschaften **59**, 485 (1972)
[52] GIELEN, W., Chimia **25**, 81 (1971)
[53] FÖRST, W., u. M. FALK, Pharmazie **25**, 205 (1970)
[54] SUNDARALINGAM, M., in Membrane Structure and its Biological Applications, Ann. N. Y. Acad. Sci. **195**, 324 (1972)
[55] LANDSBERGER, F. R., J. LEINARD, J. PAXTON u. R. W. COMPANS, Proc. Nat. Acad. Sci. US **68**, 2579 (1972)
[56] SMITH, I. C. P., Chimia **25**, 349 (1972)
[57] SEELIG, J., H. LIMACHER u. P. BADER, J. Amer. chem. Soc. **94**, 6364 (1972)
[58] HSIA, J. C., R. A. LONG, F. E. HRUSKA u. H. D. GESSER, Biochim. Biophys. Acta **290**, 22 (1972)
[59] JOST, P. C., O. H. GRIFFITH, R. A. CAPALDI u. G. VANDERKOOI, Proc. Nat. Acad. Sci. US **70**, 480 (1973)
[60] TARDIEU, A., V. LUZZATI u. F. C. REMAN, J. Mol. Biol. **75**, 711 (1973)
[61] EINS, S., u. H. KAHL, Z. allg. Mikrobiol. **12**, 175 (1972)
[62] ROTHMAN, J. E., J. theoret. Biol. **38**, 1 (1973)
[63] OLDFIELD, E., u. D. CHAPMAN, FEBS Letters **23**, 285 (1972)
[64] LIPPETR, J. L., u. W. L. PETICOLAS, Proc. Nat. Acad. Sci. US **68**, 1572 (1971)
[65] STOWE, B. B., u. M. A. DOTTS, Plant Physiol **48**, 559 (1971)
[66] DARKE, A., E. G. FINER, A. G. FLOOK u. M. C. PHILLIPS, FEBS Letters **18**, 326 (1971)
[67] KRITCHEVSKY, D., in Comprehensive Biochemistry (M. FLORKIN u. E. H. STOTZ, eds.), Vol. **10**, 1 Elsevier, Amsterdam 1963
[68] FUJIMOTO, G. I., u. R. W. LEDEEN, ebenda **32**
[69] KATZMAN, P. A., u. W. H. ELLIOT, ebenda **47**
[70] RINGOLD, H. J., u. A. BOWERS, ebenda **79**
[71] ZDERIC, J. A., ebenda 166
[72] CADENHEAD, D. A., J. Chem. Ed. **49**, 152 (1972)
[73] DEMEL, R. A., K. R. BRUCKDORFER u. L. L. M. VAN DEENEN, Biochim. Biophys. Acta **255**, 311 (1972)
[74] BOGGS, J. M., u. J. C. HSIA, Biochim. Biophys. Acta **290**, 32 (1972)
[75] DARKE, A., E. G. FINER, A. G. FLOOK u. M. C. PHILLIPS, J. Mol. Biol. **63**, 265 (1972)
[76] SACKMANN, E., u. H. TRÄUBLE, J. Amer. chem. Soc. **94**, 4482 (1972)
[77] SACKMANN, E., u. H. TRÄUBLE, J. Amer. chem. Soc. **94**, 4492 (1972)
[78] TRÄUBLE, H., u. E. SACKMANN, J. Amer. chem. Soc. **94**, 4499 (1972)
[79] SEELY, G. R., J. theoret. Biol. **40**, 173 (1973)
[80] RAND, R. P., u. W. A. PANGBORN, Biochim. Biophys. Acta **318**, 299 (1973)
[81] STEGEMEYER, H., u. K.-J. MAINUSCH, Naturwissenschaften **58**, 599 (1971)
[82] HORTON, A. W., A. R. SCHUFF u. D. W. MCCLURE, Biochim. Biophys. Acta **318**, 225 (1973)
[83] WIECHERT, R., Angew. Chem. **82**, 331 (1970)
[84] HOFFMANN, S., u. W. WITKOWSKI, Geometrische Basenpaaranaloge in Wirkungsmechanismen von Herbiciden und synthetischen Wachstumsregulatoren Conf. Proc. RGW-Sypm., Halle 1972

[85] MAHLER, H. R., G. GREEN, R. GONTAREL, u. KHUONG-HUN, Biochemistry **7**, 1568 (1968)
[86] Progr. Mol. Subcell. Biol. Vol **2**, Springer Berlin—Heidelberg—New York 1972
[87] KESSLER, B., Biochim. Biophys. Acta **230**, 330 (1971)
[88] GOTTFRIED, H., J. theoret. Biol. **37**, 447 (1972)
[89] KOMARKOVA, E., u. J. HRADEC, FEBS Letters **18**, 109 (1971)
[90] HRADEC, J., Biochim. J. **126**, 1225 (1972)
[91] PETROW, V., Chem. Rev. **70**, 713 (1970)
[92] PETROW, V., Chem. in Brit. **6**, 167 (1970)
[93] MEYER, E. F., J. Appl. Crystallogr. **3**, 393 (1970)
[94] LIANG, T., u. S. LIAO, Biochim. Biophys. Acta **277**, 590 (1972)
[95] KARLSON, P., u. D. SCHNEIDER, Naturwissenschaften **60**, 113 (1973)
[96] KNIGHTS, B. A., Chem. in Brit. **9**, 106 (1973)
[97] SEMBDNER, G., u. K. SCHREIBER, FEBS Letters **15**, 1 (1971)
[98] BERGKOFF, C. E., Quart. Rev. Chem. Soc. **23**, 372 (1969)
[99] LEVINSON, H. Z., Naturwissenschaften **59**, 447 (1972)
[100] GUIDOTTI, G., Annu. Rev. Biochem. **41**, 731 (1972)
[101] GREEN, D. E., Ann. N. Y. Acad. Sci. **195**, 150 (1972)
[102] CAPALDI, R. A., u. D. E. GREEN, FEBS Letters **25**, 205 (1972)
[103] WAEHNELDT, T. V., u. V. NEUHOFF, Naturwissenschaften **59**, 232 (1972)
[104] CONE, R. A., Nature New Biol. **236**, 39 (1972)
[105] DRATZ, E. A., J. E. GAW, S. SCHWARTZ u. W.-M. CHING, Nature New Biol. **237**, 99 (1972)
[106] BONTING, S. L., Int. Biophys. Congr. Moscow 1972
[107] BROWN, P. K., Nature New Biol. **236**, 35 (1972)
[108] TRÄUBLE, H., u. E. SACKMANN, Nature **245**, 210 (1973)
[109] MATEU, L., V. LUZZATI, Y. LONDON, R. M. GOULD, F. G. A. VOSSEBERG u. J. OLIVE, J. Biol. **75**, 697 (1973)
[110] VANDERKOOI, G., A. E. SENIOR, R. A. CAPALDI u. H. HAYASHI, Biochim. Biophys. Acta **274**, 38 (1972)
[111] VANDERKOOI, J., M. ERECINSKA u. B. CHANCE, Arch. Biochem. Biophys. **157**, 531 (1973)
[112] FRENCH, C. S., Proc. Nat. Acad. Sci. US **68**, 2893 (1971)
[113] SADLER, D. M., M. LEFORT-TRAN u. M. POUPHILE, Biochim. Biophys. Acta **298**, 620 (1973)
[114] ARNON, D. I., Proc. Nat. Acad. Sci. US **68**, 2883 (1971)
[115] WHITTINGHAM, C. P., Progr. Biophys. Mol. Biol. (J. A. V. BUTLER u. D. NOBLE, eds.), Pergamon Press, Oxford, New York 1970, S. 125
[116] BÜCHEL, K. H., Pestic. Sci. **3**, 89 (1972)
[117] SEELY, G. R., J. theoret. Biol. **40**, 189 (1973)
[118] KATZ, J. J., Naturwissenschaften **60**, 32 (1973)
[119] FISCHER, M. S., D. H. TEMPLETON, A. ZALKIN u. M. CALVIN, J. Amer. chem. Soc. **94**, 3613 (1972)
[120] BERLIN, R. D., Science **168**, 1539 (1970)
[121] RING, K., Angew. Chem. **82**, 343 (1970)
[122] RAND, R. P., Biochim. Biophys. Acta **241**, 823 (1971)
[123] MEISTER, A., Science **180**, 33 (1973)
[124] YARIV, J., I. Z. STEINBERG, A. J. KALB, R. GOLDMAN u. E. KATCHALSKY, J. theoret. Biol. **35**, 459 (1972)
[125] NELLES, A., stud. biophys. **27**, 213 (1971)
[126] DOMAGK, G. F., u. H. P. ZIPPEL, Naturwissenschaften **58**, 152 (1970)
[127] AXELROD, J., Endeavour **29**, 144 (1970)
[128] DRISCHEL, H., Biol. Rdsch. **10**, 137 (1972)
[129] DRISCHEL, H., Das neuronale Gedächtnis in Informatik (J.-H. SCHARF, ed.), Nova Acta Leopoldina **37**, 325 (1972)

[130] Informatik (J.-H. Scharf, ed.), Nova Acta Leopoldina **37**, 1 (1972)
[131] Hubbard, J. I., Progr. Biophys. Mol. Biol. (J. A. V. Butler u. D. Noble, eds.), Pergamon Press, Oxford, New York 1970, S. 33
[132] Neumann, W., Biol. Rdsch. **10**, 369 (1972)
[133] Hall, Z. W., Annu. Rev. Biochem. **41**, 925 (1972)
[134] Folkers, K., N.-G. Johansson, F. Hooper, B. Currie, H. Sievertsson, J.-K. Chang u. C. Y. Bowers, Angew. Chem. **85**, 271 (1973)
[135] Schoner, W., Angew. Chem. **83**, 947 (1971)
[136] Kimmich, G. A., Biochim. Biophys. Acta **300**, 31 (1973)
[137] Stein, W. D., W. R. Lieb, S. J. D. Karlish u. Y. Eilam, Proc. Nat. Acad. Sci. US **70**, 275 (1973)
[138] Urry, D. W., Proc. Nat. Acad. Aci. US **69**, 1610 (1972)
[139] Goodall, M. C., Arch. Biochem. Biophys. **147**, 129 (1971); **157**, 514 (1973)
[140] Urry, D. W., Conformation of Biological Molecules and Polymers, Jerusalem Symp. Quant. Chem. and Biochem. V. Israel Acad. Sci. and Human., Jerusalem 1973
[141] Ungar, G., Naturwissenschaften **60**, 307 (1973)
[142] Gillespie, C. J., J. theoret. Biol. **40**, 409 (1973)
[143] Träuble, H., Naturwissenschaften **58**, 277 (1971)
[144] Durell, J., J. T. Garland u. R. O. Friedel, Science **165**, 862 (1969)
[145] Sanides, F., u. D. Sanides, Z. anal. Entwickl.-Ges. **136**, 272 (1972)
[146] Sanides, F., Umschau Wiss. Techn. **72**, 613 (1972)
[147] Haas, H., u. L. Hösli, Naturwiss. Rdsch. **26**, 237 (1973)
[148] Kosower, E. M., Proc. Nat. Acad. Sci. US **69**, 3292 (1972)
[149] Ehrenfeucht, A., u. J. Mycielski, Proc. Nat. Acad. Sci. US **70**, 1478 (1973)
[150] Franck, F. U., Chem.-Ing. Techn. **44**, 228 (1972)
[151] Monital, M., u. P. Mueller, Proc. Nat. Acad. Sci. US **69**, 3561 (1972)
[152] Betz, A., u. L. v. Klitzing, J. interdisc. Cycle Res. **2**, 111 (1971)
[153] Degn, H., Chem. Ed. **49**, 302 (1972)
[154] Neel, L., Angew. Chem. **83**, 838 (1971)
[155] Seiler, N., L. Demisch u. H. Schneider, Angew. Chem. **83**, 53 (1972)
[156] Nachmansohn, D., Science **168**, 1059 (1970)
[157] Nachmansohn, D., Proc. Nat. Acad. Sci. US **68**, 3170 (1971)
[158] Katchalsky, A., u. R. Spangler, Quart. Rev. Biophys. **1**, 127 (1968)
[159] Katchalsky, A., Pure Appl. Chem. **26**, 327 (1971)
[160] Oster, G., A. Perelson u. A. Katchalsky, Nature **234**, 393 (1971)
[161] Katchalsky, A., u. E. Neumann, Intern. J. Neurosci. **3**, 175 (1972)
[162] Neumann, E., u. A. Katchalsky, Proc. Nat. Acad. Sci. US **69**, 993 (1972)
[163] Neumann, E., Angew. Chem. **85**, 430 (1973)
[164] Neumann, E., u. K. Rosenheck, J. Membr. Biol. **10**, 279 (1972)
[165] Atlan, H., u. A. Katchalsky, Currents Mod. Biol. **5**, 55 (1973)
[166] Neumann, E., D. Nachmansohn u. A. Katchalsky, Proc. Nat. Acad. Sci. US **70**, 727 (1973)
[167] Eccles, J. C., Naturwissenschaften **60**, 167 (1973)
[168] Glaser, R., Mitteilgsbl. Chem. Ges. DDR **20**, 262 (1973)
[169] Singer, S. J., Structure and Funtion of Biological Membranes, Academic Press, New York 1971, 145
[170] Tute, M. S., Chem. & Ind. **1975**, 100
[171] Szabo, G., in Membrane Molecular Biology (C. F. Fox u. A. D. Keith, eds.), Sinauer Ass. Inc. Publ., Stamford 1972
[172] Bergelson, L. D., Chem. & Ind. **1974**, 597
[173] Hitchcook, P. B., R. Mason u. K. M. Thomas, J. C. S. Chem. Commun. **1974**, 539

[174] RANEK, J. L., L. MATEU, D. M. SADLER, A. TARDIEU, T. GULIK-KRZYWICKI u. V. LUZZATI, J. Mol. Biol. **85**, 249 (1974)
[175] ROTHMAN, J. E., J. theoret. Biol. **38**, 1 (1973)
[176] EINS, S., u. H. KAHL, Z. allgem. Mikrobiol. **12**, 175 (1972)
[177] AMBROSE, E. J., Symp. Faraday Soc. **1971**, 175
[178] KELKER, H., u. R. HATZ, Ber. Bunsenges. physik. Chem. **78**, 819 (1974)
[179] DEMUS, D., Z. Chem. **15**, 1 (1975)
[180] DE VRIES, A., Mol. Cryst. Liquid Cryst. **24**, 337 (1973)
[181] STEGEMEYER, H., Ber. Bunsenges. physik. Chem. **78**, 860 (1974)
[182] MEIER, G., Ber. Bunsenges. physik. Chem. **78**, 905 (1974)
[183] HOFFMANN, S., W. BRANDT u. H. SCHUBERT, Z. Chem. **15**, 59 (1975)
[184] HOFFMANN, S., u. W. BRANDT, Z. Chem. **15**, 306 (1975)
[185] YAVORSKIY, YA. S., Fortschr. Biol. (UdSSR) **77**, 331 (1974)
[186] BÖTTCHER, B., u. D. GROSS, Umschau Wiss. Techn. **69**, 574 (1969)
[187] SMITH, R. J. M., u. C. GREEN, FEBS-Letters **42**, 108 (1974)
[188] LOOMIS, C. R., M. J. JANIAK, D. M. SMALL u. G. G. SHIPLEY, J. Mol. Biol. 86, 309 (1974)
[189] JANIAK, M. J., C. R. LOOMIS, G. G. SHIPLEY u. D. M. SMALL, J. Mol. Biol. 86, 325 (1974)
[190] FORSLIND, E., u. R. KJELLANDER, J. theoret. Biol. **51**, 97 (1975)
[191] LYNEN, F., Mitt. Max-Planck-Ges. **2**, 99 (1972)
[192] DUKE, R. W., u. D. B. DUPRÉ, Macromolecules **7**, 374 (1974)
[193] CARON, F., L. MATEU, P. RIGNY u. R. AZERAD, J. Mol. Biol. **85**, 279 (1974)
[194] INOUYE, M., Proc. Nat. Acad. Sci. US **71**, 2396 (1974)
[195] JACKSON, R. L., J. D. MORRISATT u. A. M. GOTTO, Mol. & Cell. Biol. **6**, 43 (1975)
[196] DETTMER, D., u. F. MÜLLER, Wiss. Fortschr. **24**, 486 (1974)
[197] HILDEBRAND, E., Biol. i. u. Zeit **4**, 129 (1974)
[198] STIEVE, H., Naturwiss. Rdsch. **27**, 45 (1974)
[199] POO, M. M., u. R. A. CONE, Nature **247**, 438 (1974)
[200] STROUSE, C. E., Proc. Nat. Acad. Sci. US **71**, 325 (1974)
[201] TRIFUNAC, A. D., u. J. J. KATZ, J. Amer. Chem. Soc. **96**, 5233 (1974)
[202] FONG, F. K., Proc. Nat. Acad. Sci. US **71**, 3692 (1974)
[203] TREBST, A., u. G. HAUSKA, Naturwissenschaften **61**, 308 (1974)
[204] SMYTHIES, J. R., F. BENINGTON, R. J. BRADLEY, W. F. BRIDGERS u. R. D. MORIN, J. theoret. Biol. **43**, 29 (1974)
[205] LIEB, W. R., u. W. D. STEIN, Nature **252**, 730 (1974)
[206] REPKE, K. R. H., u. R. SCHÖN, Acta biol. med. germ. **31**, K 19—30 (1973)
[207] DUBOIS, D. M., u. E. SCHOFFENIELS, Proc. Nat. Acad. Sci. US **71**, 2858 (1974)
[208] REGA, H.-U., u. E. SACKMANN, Ber. Bunsenges. physik. Chem. **78**, 905 (1974)
[209] RONDELEZ, F., Philips Res. Rep. Suppl. **1974**, (2)
[210] TRÄUBLE, H., H. EIBL u. H. SAWADA, Naturwissenschaften **61**, 344 (1974)
[211] TRÄUBLE, H., u. H. EIBL, Proc. Nat. Acad. Sci. US **71**, 214 (1974)
[212] SACKMANN, E., Ber. Bunsenges. physik. Chem. **78**, 929 (1974)
[213] JEHRING, H., u. U. KÜRSCHNER, stud. biophys. **48**, 81 (1975)
[214] NJUS, D., F. M. SULZMAN u. J. W. HASTINGS, Nature **248**, 116 (1974)
[215] NEUHOFF, V., Umsch. Wiss. Techn. **74**, 380 (1974)
[216] NEUMANN, E., 25. Mosbacher Colloq. Ges. Biol. Chem. Springer, Berlin—Heidelberg—New York 1974
[217] Die Zeit und das Leben, Leopoldina-Symposium Halle 1975, (J.-H. SCHARF, ed.), Nova Acta Leopoldina im Druck
[218] NEUMANN, E., u. D. NACHMANSOHN, in Biomembranes (L. MANSON, ed.), Academic Press, New York 1974

Am Ende eines insgesamt wohl zu langen Weges danke ich auch sehr herzlich allen, die insbesondere seinen letzten Teil mit mir gingen.

Vor allem aber:
dem Akademie-Verlag, Berlin, — und hier insbesondere Frau Ch. GRUNOW und Herrn K. ABEL vom Lektorat sowie Frau R. STERN und Herrn K. TODTEN von der Herstellung —, die nach einem „ungewöhnlichen“ Manuskript auch noch zahllose „ungewöhnliche“ Wünsche acceptierten und realisierten;
den Kolleginnen und Kollegen vom VEB Druckhaus „Maxim Gorki“, Altenburg, die einfühlsam eine schwierige Vorlage gestalteten,
und den Zeichnern Herrn und Frau TRESNAK, Taucha, die mit nur geringfügiger Assistenz des Verfassers eine „Unzahl“ bisweilen skurriler Zeichnungsvorlagen in die vorliegenden Versionen umsetzten.

im Herbst 1978 S. HOFFMANN

SACHREGISTER

FSC
www.fsc.org
MIX
Papier | Fördert
gute Waldnutzung
FSC® C083411

Kolibri 360 GmbH
Ferdinand-Jühlke-Straße 7
99095 Erfurt, Deutschland
produktsicherheit@kolibri360.de